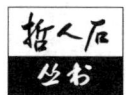

当代科技名家传记系列

Undiluted Hocus-Pocus
The Autobiography of Martin Gardner

缤纷人生
马丁·加德纳自传

[美]马丁·加德纳 著

朱惠霖 译

上海科技教育出版社

Philosopher's Stone Series

哲人石丛书

立足当代科学前沿

彰显当代科技名家

绍介当代科学思潮

激扬科技创新精神

策 划

哲人石科学人文出版中心

马丁,3岁

马丁,5岁

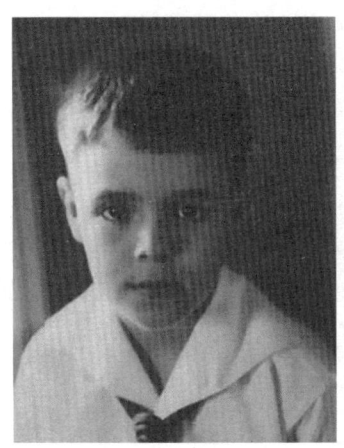

马丁,6岁

马丁,6岁;弟弟吉姆,3岁

南奥瓦索大街2187号,塔尔萨,俄克拉何马州,
约1922年

马丁,12岁;妹妹朱迪,2岁;
吉姆,9岁

加德纳一家,约1927年。
从左到右:朱迪,3岁;威利·施皮尔斯·加德纳;马丁,13岁;
小吉姆,10岁;詹姆斯·亨利·加德纳

马丁正在给他的妹妹朱迪表演一个用手帕包着头的人物

加德纳一家,约1952年。
后排(从左到右):马丁·加德纳,詹姆斯·亨利·加德纳,小詹姆斯·加德纳
前排(从左到右):辛迪·加德纳和她的母亲玛乔丽·安德森·加德纳,朱迪·加德纳·韦弗和她的儿子特迪·韦弗,威利·施皮尔斯·加德纳

马丁和夏洛特·格林沃尔德。
中央公园,纽约城,约1950年

加德纳伉俪,纽约城,婚礼照

吉姆,夏洛特,汤姆和马丁·加德纳。
多布斯费里,纽约州,约1961年

马丁·加德纳博士(人文学名誉博士)和夏洛特·加德纳。
巴克内尔大学,1978年5月

马丁和夏洛特在他们的起居室里。
欧几里得大道10号,黑斯廷斯村,纽约州,1980年

马丁的办公室占整个三楼。
欧几里得大道10号,黑斯廷斯村,纽约州,1980年

马丁摆姿势与《艾丽丝漫游奇境记》中人物的雕像合影,宣传照。

中央公园,纽约城,1960年。

庆祝《注释版艾丽丝漫游奇境记》第一版出版。

摄影:乔治·切尔瑙(George Cserna)

30年后马丁摆姿势与艾丽丝雕像合影,宣传照,1990年。

庆祝他的续作《更多注释版艾丽丝漫游奇境记和艾丽丝镜中奇偶记》出版。

摄影:斯科特·莫里斯(Scot Morris)

马丁·加德纳画的恐怖迈克插画,发表在《关于恐怖迈克的叙事诗歌》中。
《凤凰》杂志,1937年1月

马丁·加德纳画的"侍女",发表在《关于恐怖迈克的叙事诗歌》中。
《凤凰》杂志,1937年1月

马丁·加德纳画的罗纳德·克兰的滑稽漫画。
《凤凰》杂志,1937年2月

马丁·加德纳画的查尔斯·莫里斯的滑稽漫画。
《凤凰》杂志,1937年3月

把马丁介绍给《凤凰》杂志读者们的滑稽漫画和具有远见卓识的吹捧性短文（漫画作者未知）。

《凤凰》杂志，1937年2月

MARTIN GARDNER

10 EUCLID AVENUE
HASTINGS-ON-HUDSON
NEW YORK 10706

Martin Gardner regrets that it is impossible for him to:

1. Evaluate:
   Angle trisections
   Circle squarings
   Proofs of Fermat's last theorem
   Proofs of the four-color theorem
   Roulette systems
2. Give advice on, or supply references for, high school science or math projects.
3. Inscribe books for strangers.
4. Give lectures, or appear on radio or TV shows.
5. Attend cocktail parties.
6. Make trips to Manhattan except under extreme provocation.
7. Donate books to libraries.
8. Provide answers to old puzzles.
9. Prepare material on speculation for toy companies or advertising agencies.
10. Put the reader in touch with Dr. Matrix.

马丁用来回答读者问题的格式信

这世界上最多疑的人!
为1996年"加德纳聚会"(Gathering for Gardner)而创作的幽默画。
画作者:乔·尼克尔(Joe Nickell)

有一天彼得外出散步,遇见了汉普帝·邓普帝,他正坐在他最喜欢的墙上。在这墙上他钉了一道求和难题,要彼得解答。他说答案是他一位亲爱的朋友的名字,一位你也认识的女孩。这女孩是谁?还有,你能发现这图中的错误吗?

来源:《智力趣题创作者彼得》(Dale Seymour Publications,1992)28页。

解答:cone(球果)+ stall(小隔间)= conestall,+ ink(墨水)= conestallink,− link(链环)= conestal,− nest(鸟巢)= coal,− Co = Al,+ ice(冰)= Alice(艾丽丝)。

错误:汉普帝·邓普帝有两个左耳朵

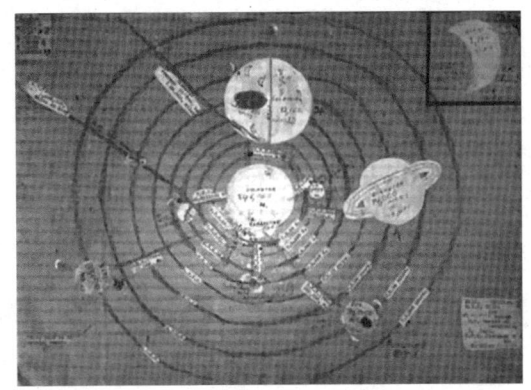

太阳系,一个科学计划。

设计者:马丁,10岁

无视一位脱衣舞娘,马丁(最左)正全神贯注于一个魔术操作。

1947年美国魔术家协会会议的一张宣传照的一部分。

摄影:乔治·卡尔格(George Karger)/时代与生活图片社(TIME & LIFE Images)/格蒂图片社(Getty Images)

马丁的肖像

前景是许多三维视错觉作品,后面是马丁,戴维·艾森德拉思的爱因斯坦照片在背景上。
(马丁的)照片© 艾略特·厄威特(Elliott Erwitt)/马格南图片社(Magnum Photos)

取自《魔术》杂志

一种经典视错觉的一个向马丁致敬的版本。
艺术品制作者:维多利亚·斯凯(Victoria Skye)

用多米诺骨牌制成的马丁肖像和马丁本人。
多米诺骨牌肖像制作者:
肯·诺尔顿(Ken Knowlton)

马丁和朋友们

马丁和一位朋友,约1950年

杰伊·马歇尔和马丁·加德纳,约1960年

布鲁斯·埃利奥特,马丁·加德纳,克莱顿·罗森和杰伊·马歇尔,在一次魔术大会上,1960年6月

马丁和雷·海曼,1996年

马丁和朋友们在"加德纳聚会"上：约翰·康韦，所罗门·戈隆布，罗伯特·达林（Robert Darling），马丁，迪克·赫斯（Dick Hess），芦原伸之（Nob Yoshigahara）

在弗莱斯家电连锁店公司（Fry's Electronics）加利福尼亚州伍德兰希尔斯商场的开业典礼上，马丁正在签售他的《注释版艾丽丝漫游奇境记》一书。这家商场内部装饰的主题就是"艾丽丝漫游奇境记"。他很少参加这类公开签名售书活动，这是少数几次中的一次

詹姆斯·兰迪和马丁，约2000年

鲍勃·默里

汤姆·罗杰斯(Tom Rodgers,"加德纳聚会"的创始人和主持人)和马丁。

诺曼,俄克拉何马州,2009年,摄影者未知

马丁站在一个书柜前面,这书柜是专门放他撰写的书的。底下两层,照片中看不见,也是放满了书的。2006年3月。

摄影:科尔姆·马尔卡希(Colm Mulcahy)

对本书的评价

◇

他那魅力四射的真身,继续活在他大量的、光辉的文字作品中,并以他最亲切的、最风趣的、最个性化的方式在这本《缤纷人生》中闪耀着光芒。

——特勒(Teller),《纽约时报图书评论》
(*New York Times Book Review*)

◇

对于我们这些相信科学与人文不必相互为敌的人来说,马丁·加德纳是一个令人鼓舞的榜样。《缤纷人生》展现了一位潜心于哲学、宗教和文学的人,尽管他以科学写作为职业。

——乔丹·埃伦伯格(Jordan Ellenberg),
《华尔街杂志》(*Wall Street Journal*)

◇

只知道加德纳从事数学和科学写作的读者,将会惊讶于他对宗教的关注,而这本自传表现了他对解释和理解周围世界的热情。

——《出版者周刊》(*Publishers Weekly*)

◇

总之,我给予这本书以我对一本自传所能给的最高褒扬:它太短了。

——查尔斯·阿什巴彻(Charles Ashbacher),
《美国数学协会评论》(*MAA Reviews*)

内容提要

马丁·加德纳(Martin Gardner)为《科学美国人》(*Scientific American*)杂志撰写"数学游戏"专栏文章达25年，并出版了70多部著作，其论题形形色色、精彩纷呈。人类进化论学者斯蒂芬·杰伊·古尔德(Stephen Jay Gould)称他为我们在捍卫理性和真正科学，抵制神秘主义和反智主义的事业中一座"独立而最明亮的灯塔"。

在本书中，加德纳带着读者从他在俄克拉何马州的童年出发，一直到他那五彩缤纷、涉猎广泛的职业生涯。他结识并指导过许多有魅力的人物，他与读者分享了这些人物的趣闻逸事，表达了他对数学的热爱和对伪科学的坚定反对立场。加德纳的这本令人大开眼界的自传，是一幅坦诚真实的自画像，让你有机会近距离地观察到加德纳的生活与工作。

作者简介

马丁·加德纳(Martin Gardner,1914—2010)是一位广受欢迎的数学和科学普及作家,著作等身,在数学传播领域发挥着无可替代的作用。他为《科学美国人》(*Scientific American*)杂志撰写"数学游戏"专栏文章达25年,善于以轻松的笔调和诙谐的风格将抽象深奥的数学题材转化为趣味十足的内容,令全世界的数学爱好者为之倾倒。代表作有《啊哈!灵机一动》(*Aha! Insight*)、《矩阵博士的魔法数》(*The Magic Numbers of Dr. Matrix*)、《引人入胜的数学趣题》(*Entertaining Mathematical Puzzles*)等。

再一次

献给

吉姆(Jim)和埃米(Amy)*

───────

＊吉姆和埃米,昵称,本书作者的大儿子和大儿媳。——译者

我们谈论自然的定律,俐齿伶牙,
难道说凡物皆有来由,天然造化?
黑色的泥土,变成黄色的番红花,
此乃纯正地道之戏法,绝无掺假。

——皮特·海因(Piet Hein)*

---

* 皮特·海因(1905—1996),丹麦数学家、科学家、发明家、建筑设计家、作家和诗人,本书作者的至交。他创造了一种格言短诗,英文称为Grook,丹麦文称为gruk。这种诗言简意赅,似非而是,讽刺幽默,别具特色。他把数学上的超椭圆应用到建筑设计等方面,形成了一种现代设计风格。他还发明了不少数学游戏。——译者

CONTENTS 目录

目 录

001 — 前言　魔术、数学和不可解释论者

017 — 序言

019 — 开场白　我是一名不可解释论者

001 — 第一章　最早的记忆

011 — 第二章　李学校

022 — 第三章　塔尔萨中心高级中学（Ⅰ）

030 — 第四章　塔尔萨中心高级中学（Ⅱ）

042 — 第五章　赫钦斯和阿德勒

049 — 第六章　理查德·麦基翁

055 — 第七章　我失去了我的信仰

064 — 第八章　芝加哥（Ⅰ）

079 — 第九章　芝加哥（Ⅱ）

092 — 第十章　我成了一名新闻记者

103 — 第十一章　母亲和父亲

116 — 第十二章　海军（Ⅰ）

124 — 第十三章　海军（Ⅱ）

129 — 第十四章　《绅士》和《汉普帝》

139 — 第十五章　《科学美国人》

154 — 第十六章　伪科学

165 — 第十七章　朋友们：数学家和魔术师

180 — 第十八章　夏洛特

192 — 第十九章　鲍勃和贝蒂

197 — 第二十章　上帝

201 — 第二十一章　我的哲学

217 — 后记　我最儒雅的朋友……

前 言

魔术、数学和不可解释论者

就像他那精彩的短篇小说《无侧教授》(The No-Sided Professor)中的主人公,马丁·加德纳同时是圈内人和圈外人*。我第一次遇见他是在20世纪50年代后期,纽约的第42街餐厅。每个星期六下午,魔术商店打烊后,魔术师们常去那儿。这是一个年轻人、认真的业余魔术爱好者和专业的魔术师会沿着楼梯晃荡下去喝喝咖啡并看看有什么"新东西"的地方。总会有一些新东西:一片可以让一枚硬币穿过的橡胶;一个赌运耗尽的赌徒,盯上了手握纸牌的男孩子们(那里几乎没有女孩),便踏了进来,说要给他们看一些他们以前没有看到过的东西,交换条件是给些施舍。在这样的星期六,典型的情况是大约有50个人分散在5张或更多的大圆桌周围。小伙子们(我当时13岁)坐在一起。有一个从15岁到25岁的群体,以及专门给大人物坐的桌子。有着像戴·韦尔农

---

* 在幻想小说《无侧教授》中,拓扑学教授斯拉佩纳斯基(Slapenarski)发现了一种可与制作默比乌斯带(单侧曲面)相类比的方法:把普通的双侧曲面通过剪切、扭曲、折叠、粘贴等手段,变成一种无侧曲面,在三维空间中消失。但辛普森(Simpson)教授却嗤之以鼻。斯拉佩纳斯基怒不可遏,将辛普森击昏,进而将其"折叠"成无侧曲面,顿时消失,险酿成大祸。其中并无可用来比喻"圈内人""圈外人"的情节。似应以在默比乌斯带上行走作比喻,因为默比乌斯带是个圈,在它那个单一的面上,既是"圈内",又是"圈外"。——译者

(Dai Vernon)、弗朗西斯·卡莱尔(Francis Carlyle)、哈里·洛雷恩(Harry Lorayne)这样的名家大腕*，以及各种各样来访的专家学者，气压全场。

马丁在那个大人物桌子受到欢迎。他一直只是一名认真的业余爱好者，但是他发明了一些精彩的独创性戏法。或许他最好的戏法是"谎言拼读者"。表演中让一名观众拼读出一张他想到的牌的牌名，读一个字母发掉一张牌(例如 j-a-c-k-o-f-c-l-u-b-s**)；发到最后，那张他想到的牌真的出现了，**即使这名观众一路撒谎*****。经过编目、收集、记叙等工作，马丁编成了《即兴魔术百科全书》(The Encyclopedia of Impromptu Magic)，那都是在讨人喜欢的《于加尔的魔术月刊》(Hugard's Magical Monthly)上每月刊出的内容。一本有着几百处增补的精装版在他逝世的前几年问世****。

马丁能把少数不太为人所知的、有难度的戏法表演得实在是好。有一个叫"隐形香烟"：表演者划燃一支火柴，假装点着一支隐形的香烟，又做出深深吸了一口的样子，然后吐出了一大口真的烟。还有一个是"消失的结"：干净利落地打在一块手帕上的一个孤独的结，当手帕抽

---

* 戴·韦尔农(1894—1992)，加拿大魔术师。魔术手法高超，知识全面，在世界魔术界颇有影响。1968年获美国魔术艺术学院大师奖。弗朗西斯·卡莱尔(1912—1975)，美国魔术师。擅长近景魔术，特别是纸牌和硬币魔术。后因酗酒而潦倒，死于好莱坞的一家疗养院。哈里·洛雷恩(1926—)，美国魔术师、记忆训练专家。擅长纸牌魔术，更以记忆术而闻名。著作颇丰，在记忆术方面主要有《最强大脑》(Ageless Memory)、《心智力量的奥秘》(Secrets of Mind Power)、《超级魔术记忆法》(The Memory Book)等。——译者

** 即 jack of clubs(梅花J)的字母拼读。——译者

*** 据查，观众在拼读的过程中，要回答一系列问题，回答时他可以撒谎，但在他拼读出的牌名上不能撒谎，否则无法证明最后出现的牌就是他心中想到的那张牌。——译者

**** 此书(精装版)在1978年就已初版。——译者

紧时,化为乌有了。他用两根纸梗火柴玩一种经典的戏法。用指尖卡住火柴,使它们连环扣住,它们就像是被熔断了一下似的相互穿过了。马丁有着一种尖尖的、轻轻的、私语式的声音。弗兰克·加西亚(Frank Garcia)*,当时一位顶级的手法高超的家伙,会装模作样地仿效马丁的这种细声细语:"来,近一点,这是一个用到3根人类毛发的戏法。"感兴趣的读者可以在《马丁·加德纳呈献》(Martin Gardner Presents)中找到相关描述。

那个时候,马丁已经在《科学美国人》上开始了他那史诗般的"数学游戏"专栏。常常,从这家餐厅里挑选出来的戏法、智力趣题和游戏,会辗转来到马丁的这个专栏里。你可能会想,魔术师的保密守则应该禁止他这样做,但是同道们喜欢让他们的发现被一个将近100万读者的群体读到。他既作为一位学者,又作为对新颖而有价值的事物的一位判定者,而成为众人的关注中心。

马丁是一个平静而和善的家伙,他彬彬有礼且热情有加,即使对13岁的孩子们也是如此。他对每一样东西都很感兴趣:戏法、笑话(黑色幽默和荤段子)、诗、心理学,以及关于魔术的哲学。有科学或数学背景的戏法很令他心痒,如下面这个例子。找一张扑克牌,在两个对角处稍稍向下弯曲一下。用一只手,大拇指在一只角,小指在其对角,从上方轻轻地拿起这张牌。不必明显地用力,这张牌会慢慢转动,直到其正面朝上。这里没有什么"花招",只是轻轻地触碰了一下。我在多伦多时,汤姆·兰塞姆(Tom Ransom)**(他自己是一位神奇的魔术师和拼图玩具

---

* 弗兰克·加西亚(1927—1993),美国魔术师。擅长赌博骗术,人称"双手值百万美元的人"。作为"赌博调研者",在全美国演示并揭露这些骗术。——译者

** 汤姆·兰塞姆(1931—),加拿大魔术师。擅长近景魔术,尤其是纸牌戏法。也表演心理魔术和赌博骗术。——译者

大收藏家)给我演示了一下,一个星期后我在纽约给马丁演示了一下。他着了迷。我有他的5封来信,对为什么会发生这现象,即这件事的物理机制,提出了种种理论解释。这就是马丁思考的成千上万件事情中的一件。

关于那些信件:在50年的时间里,我每年收到马丁的信大约20封(你来算算这里共有多少封)。有时候这些信是对他的或其他人的戏法的详尽描述。有时候它们是简短的便条或其他人寄给他的信的复印件。有一次他寄给我一封内容精彩的长信,是讲如何写一篇可读性强的文章的;这是他给我的论文《ESP*研究中的统计问题》(Statistical Problems in ESP Research, Science, 1978)提供建设性批评的方式。

马丁多次与我合作。有一次,一本关于通灵摄影术的书《特德·塞里奥斯**的世界》(The World of Ted Serios),由医学博士朱尔·艾森巴德(Jule Eisenbud)所著,被送到《科学美国人》,希望给予评论。马丁联系了摄影师兼魔术师查尔斯·雷诺兹(Charles Reynolds)、技术专家戴维·艾森德拉思(David Eisendrath)和我,并安排我们去看塞里奥斯,设法搞清楚他是怎么做这事的。我们抓到塞里奥斯在行骗。结果这图书评论对《科学美国人》来说太过烫手,无法处理。于是事情经过就在1967年10月的《大众摄影》(Popular Photography)上发表了。这是我与马丁在揭露通灵术方面的多次联合行动的第一次。我拜访了斯坦福研究所的两位科学家,叫他们皮东(Puton)和奥夫塔尔热

---

* ESP,extra sensory perception 的词头缩写,即超感官知觉。参见本书第十七章。——译者

** 特德·塞里奥斯(Ted Serios,1918—2006),美国芝加哥的一名旅馆服务员。声称用他的通灵能力可以把人的所谓"思维图"显影在即显胶片上。虽然被揭露为骗局,但至今信者仍众。——译者

(Offtarget)*吧。他们正在调研通灵师尤里·盖勒(Uri Geller)**。我的关于草率统计和无对照试验的详细报告被编进马丁的"一名通灵师的自白"丛书中的以尤赖亚·富勒(Uriah Fuller)为化名的两本书***里。(这个化名甚至出现在马丁从奥夫塔尔热那儿赢得赔付的一个法律和解文件中。)马丁时常要求别人帮助他检查统计结果的有效性,帮助他找出制造所谓超凡能力的方法。他的专家内阁包括魔术师詹姆斯·兰迪(James Randi)和杰里·安德勒斯(Jerry Andrus),以及心理学家雷·海曼(Ray Hyman)****。对他来说,这是一场终生的战斗。除了科学和隐身

---

* 此两人即哈罗德·爱德华·皮托夫(Harold Edward Puthoff,1936—)和罗素·塔尔格(Russell Targ,1934—),美国物理学家,也是所谓超心理学家。他们俩合作研究被称为"遥视"的特异功能,即能看到远方的东西或隐藏起来的东西的超凡能力,被科学界斥为"伪科学"。——译者

** 尤里·盖勒(1946—),出生以色列的英国魔术师。自称通灵师,多次表演各种所谓的通灵效果,特别是用"其心灵能力"弄弯一把调羹的"绝技"。其中的欺骗行为已被科学界和魔术界人士揭穿。——译者

*** 本书作者抨击通灵术的两本书,一本叫《一名通灵师的自白》(Confessions of a Psychic),一本叫《一名通灵师的自白(续)》(Further Confessions of a Psychic)。作者署名均为尤赖亚·富勒。由美国魔术师卡尔·富尔维斯(Karl Fulves)私人出版。它们不属于任何丛书。参见本书第十六章。——译者

**** 詹姆斯·兰迪(1928—2020),出生加拿大的美国魔术师。作为魔术师,他被称为"神奇的兰迪"。作为超心理学、邪教、伪科学的不遗余力的批判者和揭露者,他与志同道合者共同创建了"关于所谓超常事件的科学调查委员会"(Committee for Scientific Investigation of Claims of the Paranormal,简称CSICOP)等调研伪科学的民间团体。杰里·安德勒斯(1918—2007),美国魔术师。擅长原创性的近景魔术和手法技巧,以及视错觉魔术。雷·海曼(1928—),美国心理学家、业余魔术师。超心理学的主要批判者,"关于所谓超常事件的科学调查委员会"的创建人之一。曾受美国政府委派,评估所谓的超常现象,并在有关的法庭程序中做专家证人。——译者

外,他还把一件重要的新工具引进战场:哈哈大笑。他只是不愿遵循正儿八经地对付怪异伪科学的学究式传统。

当然,马丁以他的《以科学的名义散布的奇谈怪论》(*Fads and Fallacies in the Name of Science*)而成为一位研究虚假的、旁门的、有争议的科学的先驱。这本书详述了地球扁平(以及空心)说、飞碟、魔杖探测术、饮食怪论、"扔掉你眼镜"的主张、戴尼提、普通语义学、ESP,以及其他许多方面*。书中的文章经过了反复推敲,而且十分有趣。它在1952年出版时,引起轰动。马丁告诉我,他收到的关于这本书的正反馈多于他的其他任何一部作品。然而,却存在着一种共同的潜在不满。在对他的评述所做的一番恭维的后面,他通常会看到这样的话:"你知道,有一件事我弄不明白。你为什么把 x 纳入你的怪诞科学列表中。我认为那是十分严谨的东西……"对于 x 的选择,没有什么既定模式:他那25章的每一章内容都以同样的可能性被选中。人们自然地想知道如今马丁会谈什么论题,但我们没有必要去想。他通过他在《科学美国人》的专栏,通过在《怀疑论调查者》(*Skeptical Inquirer*)杂志上的长长一系列文章,以及在许多书籍中,继续保持着他对伪科学的抨击。请看一下他的《科学:好的,坏的,以及伪的》(*Science: Good, Bad, and Bogus*, Prometheus Books,1990)。

在学识上,马丁限于新闻写作范畴,并非中规中矩的学术研究领域。但是他却仔细得要命。他给我的几十封信都是要求在一本没有名气的书中核对一条语录什么的(我收藏旧魔术书)。有许多故事,其中有一个很突出。马丁搬到北卡罗来纳州亨德森维尔之后,我去看他,趁机一窥他的藏书。我看到这样的一大批书,我将称它们为极度流行诗

---

* 对于地球空心说、戴尼提的简单介绍,可参见本书第十六章;"扔掉你眼镜"的主张是指一种眼操,可参见第十章;普通语义学,可参见第八章。——译者

歌的书，有一百多本，书名诸如《给儿童的一千首诗》(One Thousand Poems for Children)、《阳光闪烁》(Gleams of Sunshine)、《名人最喜欢的心跳》(Favorite Heart Throbs of Famous People)、《托尼的剪贴簿》(Tony's Scrapbook)(前后11年)、《世界最佳诗歌》(The World's Best Poetry)(一共十卷)，等等。我不明白，于是问他："马丁，你为什么要拥有所有这些糟糕诗歌的书？"他解释道："我为多佛公司做一本最难忘诗歌的集子。我要知道它们应该是哪些诗歌。"果然，到我在那儿东翻西看时，马丁的诗歌书已经被标上记号，并且作了注释(他把注释残忍地写在他的书上)。他已经列出了清单，并且得出了合理的结论。这个集子，叫《最难忘的诗》(Best Remembered Poems, Dover Publications, 1992)。它包含了那些可作为典范的诗歌，如威廉·布莱克(William Blake)*的《老虎》(The Tyger)、吉利特·伯吉斯(Gelett Burgess)**的《紫色大牛》(The Purple Cow)、刘易斯·卡罗尔(Lewis Carroll)***的《炸脖龙****》(Jabberwocky)、沃尔特·惠特曼(Walt Whitman)*****的《啊，船长！我的船长哟！》

---

* 威廉·布莱克(1757—1827)，英国诗人、版画家。其诗作摆脱古典主义规范的束缚，多采用清新的歌谣和奔放的无韵体，有热情，重想象，开创了浪漫主义诗歌的先河。作品有《天真的预言》(Auguries of Innocence)、《天真与经验之歌》(Songs of Innocence and of Experience)等。——译者

** 吉利特·伯吉斯(1866—1951)，美国幽默小说家、诗人、画家。以"胡话诗"(nonsense verse)而闻名。所谓"胡话诗"，即一种幽默的或异想天开的诗，其中故意使用一些奇怪的、作者自创的词语和不合逻辑的想法，以令人愉悦。——译者

*** 刘易斯·卡罗尔(1832—1898)，英国儿童文学家。本职工作是剑桥大学数学讲师。以其两本童话作品《艾丽丝漫游奇境记》(Alice in Wonderland)和《艾丽丝镜中奇遇记》(Through the Looking-Glass and What Alice Found There)而闻名于世。——译者

**** 这个字及这个译法，为我国语言学家赵元任所创。——译者

***** 沃尔特·惠特曼(1819—1892)，美国诗人。其诗作热情奔放，不受传统格律束缚，用新的形式表达民主思想，对种族、民族和社会压迫表示强烈抗议，对美国和欧洲自由诗的发展很有影响。主要诗集有《草叶集》(Leaves of Grass)。——译者

(O Captain, My Captain)等,但是还包含了许多精彩的、不太为人所熟悉的诗歌,如罗伯特·勃朗宁(Robert Browning)*的《夜会》(Meeting at Night)、托马斯·格雷(Thomas Gray)**的《墓畔哀歌》(Elegy)、托马斯·胡德(Thomas Hood)***的《衬衫之歌》(The Song of the Shirt),以及埃拉·惠勒·威尔科克斯(Ella Wheeler Wilcox)****的《命运之风》(The Winds of Fate)。每位诗人各配有一篇只占少数几页的文章,说些鲜为人知的背景。我发觉这些文章十分吸引人。例如,对于《玛丽的羊羔》(Mary's Lamb),马丁讲述了下面这段历史。这首诗歌,由萨拉·约瑟法·黑尔(Sarah Josepha Hale)*****创作,最早于1830年发表在一本儿童杂志上。它被广泛转载,而且1877年托马斯·爱迪生(Thomas Edison)把他对这首诗的背诵,录在他生产的第一张留声机唱片上。当一个名叫玛丽·伊

---

* 罗伯特·勃朗宁(1812—1889),英国诗人。其作品着重心理分析,创造了"戏剧独白"的诗歌形式。作品有长诗《指环与书》(The Ring and the Book)、诗集《戏剧抒情诗》(*Dramatic Lyrics*)等。——译者

** 托马斯·格雷(1716—1771),英国诗人。作品不多,以《墓畔哀歌》一诗为最有名,诗中流露对农民的同情,对富人的谴责,有浓厚的感伤情调。——译者

*** 托马斯·胡德(1799—1845),英国诗人。其部分诗作反映英国的社会生活,其中《衬衫之歌》描绘女工在沉重劳动下的悲惨处境,成为"社会抗议文学"的先声。作品有诗集《仲夏仙子的呼吁》(*The Plea of the Midsummer Fairies*)等。——译者

**** 埃拉·惠勒·威尔科克斯(1850—1919),美国女作家、诗人。其诗作平实质朴,韵律优美,感情丰沛,寓意隽永。一生著作颇多,但最有名的是诗《孤独》(Solitude)。其他作品有诗集《激情之诗》(*Poems of Passion*)、《欢乐之诗》(*Poems of Pleasure*)等等。——译者

***** 萨拉·约瑟法·黑尔(1788—1879),美国女作家、编辑、社会活动家。以儿歌"玛丽的羊羔"而闻名。长期主编杂志《戈代的女士之书》(*Godey's Lady's Book*),引领中产阶级女性时尚潮流,风靡全美。一生著述50多本。积极投身妇女教育等事业。促成感恩节被定为美国法定节日。——译者

丽莎白·索耶(Mary Elizabeth Sawyer)的女人宣称,她就是诗歌中玛丽的原型,而且这故事确有其事时,事情就变得争议不断了*。亨利·福特(Henry Ford)**买下了玛丽的故事,确定了校舍的所在,并把它修复,成为一个旅游景点。这所校舍如今仍在向公众开放。

读者应该得到提醒:许多诗都有相应的滑稽仿作("玛丽点了份小羊羔,旁边是青豆做配料,当她的陪护把账单瞧,这可怜的家伙差点没死掉"***)。这些仿作有许多是马丁的"另一个自我"(alter ego)——阿曼德·T.林格(Armand T. Ringer****)写的。他的评论很尖刻。在一篇书评中,马丁写道*****:

---

* 诗中描述:小女孩玛丽有只小羊羔,一天它跟她去学校,孩子们看了觉得很好玩。但这违反规定,于是老师把小羊羔放到校门外。小羊羔在附近乖乖地溜达,终于等到玛丽出现,便跑上前去,与玛丽亲热。孩子们问:"为什么小羊羔如此爱玛丽?"老师说:"因为玛丽爱小羊羔。"争议在于:据索耶回忆,这首诗的前三节是当年一个叫小约翰·鲁尔斯通(John Roulstone, Jr., 1805—1822)的12岁男孩写的。但鲁尔斯通在哈佛大学读一年级时逝世,没有留下有关的文字记录。——译者

** 亨利·福特(1863—1947),美国企业家。福特汽车公司的建立者。——译者

*** 这段滑稽仿作的英文原文是:Mary had a little lamb, with green peas on the side, and when her escort saw the check, the poor boob nearly died。显然很恶作剧。它模仿的是原诗第一节:Mary had a little lamb, its fleece was white as snow, and everywhere that Mary went, the lamb was sure to go。(玛丽有一只小羊羔,浑身上下雪白的毛;无论玛丽往何处跑,小羊羔一定也要到。)——译者

**** Armand T. Ringer是本书作者姓名Martin Gardner的同字母异序词,这是他的又一个化名。——译者

***** 这篇书评是发表在美国《新标准》(New Criterion)杂志2010年6月号上的《抽象的冒险》(Abstract adventuring),它评论的是《黎明的决斗》(Duel at Dawn)一书,该书由出生于以色列的美国科学史家阿米尔·亚历山大(Amir Alexander, 1963—)撰写,是讲法国天才数学家埃瓦里斯特·伽罗瓦(Évariste Galois, 1811—1832)的。这篇书评是本书作者的最后一篇文章。——译者

在这本书的前页上,亚历山大引用了约翰·济慈(John Keats)*的这些令人迷惑不解的诗句:"美即真,真即美;说到底这是我们所知道的一切,也是我们需要知道的一切。"哎呀!这诗句几乎是毫无意义的。它们不是我们所知道的或需要知道的一切。况且,存在着真的却是丑陋的数学定理,存在着美丽的却是假的"证明"。当T. S.艾略特(T. S. Eliot)**称济慈的诗句是"一首美诗上的一个严重瑕疵"时,他无疑是道出了大多数文学批评家的意见。

我这篇前言的题目是马丁的《数学、魔术和谜团》(*Mathematics, Magic, and Mystery*, Dover Publications, 1956)这本书书名的一个变形***,现在是说说数学的时候了。我为他的一本书写了如下的宣传性介绍:

警告:马丁·加德纳已经把成十上百个天真的年轻人变成了数学教授,把成千上万个数学教授变成了天真的年轻人。

---

* 约翰·济慈(1795—1821),英国诗人。浪漫主义诗人的杰出代表。向往古希腊文化,幻想在"永恒的美的世界"中寻找安慰。其抒情诗很优美,著名的有《夜莺颂》(Ode to a Nightingale)、《秋颂》(Ode To Autumn)和《希腊古瓮颂》(Ode on a Grecian Urn)。——译者

** T. S.艾略特(1888—1965),出生于美国的英国诗人、文学评论家。1948年诺贝尔文学奖获得者。他认为作品引起的美感与作品表达的哲学思想无关。诗歌创作强调运用日常口语的节奏,追求词语的独特含义和新奇比喻。代表作为长诗《荒原》(The Waste Land)。——译者

*** 把这本书书名中的Mystery(谜团)稍稍变动一下,改为Mysterians(不可解释论者),改变词语顺序后就是本篇前言的题目 Magic, Mathematics, and Mysterians了。——译者

我就是那些年轻人之一。我13岁就同马丁相识，他给了我一个进入他专栏的入口，让我一窥数学之真貌。有些数学家觉得"数学娱乐"这个说法很傻。他们认为在马丁宣扬的戏法和智力趣题中基本上没什么真正的数学。我想他们怎么会这么傻。到处都有数学问题。这些问题中的大多数，用规定学者们必须采用的严格化工具来解，太过困难；而学者们又往往向着深处不断探索，因为"那儿是闪烁着光芒的地方"。取一个游戏，或一道智力趣题，或一个戏法，用你自己的创造力光芒把它照亮，那是很吃劲的工作。有不少天才就擅长这种事情。马丁的常年通信者约翰·康韦(John Conway)*在这方面的天赋无与伦比。康韦的几十个游戏和智力趣题是在马丁的专栏上首次亮相的。或许最有名的是康韦的"生命游戏"(Game of Life)：让你在一个二维网格上按一组简单的规则增减棋子，这样的网格竟有一个通用图灵机建造在内。这就掀起了现代元胞自动机的热潮，使得逻辑学家、计算机科学家和家庭主妇持续迷恋了50年。康韦给数指派了游戏，而给游戏指派了数，从而创造了一个数与游戏的奇妙世界。这里说的数，我不仅仅是指1，2，3……，而且是指负数、复数、序数、基数、无穷小，以及在某种意义下的"所有大大小小的数"。相应的游戏则是像Nim那样的"取子游戏"的精心扩展。所谓Nim，就是在桌子上有一堆火柴，你按照某种规则取走一些，然后我取，依此类推，谁最后取完谁赢。这些"游戏"有着最深刻的数学内容，它们很可能将在下一世纪真正活跃起来。

---

* 约翰·康韦(1937—2020)，英国数学家。本书作者的好友。在群论、纽结理论、数论、组合对策论和编码理论上成果卓著，是少数在趣味数学的许多方面有贡献的数学家之一。关于他的更多情况，请见本前言下文和本书第十五章和第十七章。——译者

康韦第一次去马丁在黑斯廷斯村*的家看他时,我想我是在场的。[马丁住在欧几里得大道10号,他喜欢指出一个类似的巧合,概率论大家威廉·费勒(William Feller)住在普林斯顿的"随机"路(Random Road)。]我知道怎样从曼哈顿去到黑斯廷斯村,于是马丁要我上火车给康韦带路。我那时大约16岁,对数学一窍不通。康韦需要有一个听众,于是要我扮演"没有听觉的耳朵"。他认为他已经透彻理解了一个证明困难的复杂结构,要我听他把这证明从头到尾地大声复述出来。"只要点点头,假装你全过程都是听得懂的,那就是对我的一个很大帮助。"他的论述很清晰,而且有些部分我认为我其实是听懂了。我偶尔会问个问题,但是不一会儿,这就令他很恼火了,我被告知只要点头即可。这天下午的其余时间是类似的:马丁和康韦有着一套丰富的共同知识,这些知识对我来说不是那么好懂。但是马丁和我有着在专业魔术上的共同背景,因此我们都聊得很开心。所有这些使得数学作为一门生机勃勃的学科向我打开了大门。

马丁以更直接的方式帮助了我。他鼓励我在作为魔术师浪迹天涯达10年之后回到学校。当我受困于家庭作业时,他给我以知识背景方面的建议;他为我写了进研究生院的推荐信;他把我早期的某个数学成果作为他专栏文章中的一个问题来发表;他让我不断得知他认为有趣的数学进展。随着时间的推移,我开始帮助他调试统计问题。当我的数学水平发展到专业级别的时候,他耐心地听我讲述。他成了我的没有听觉的耳朵。

数学家不是唯一同趣味数学作斗争的人群。马丁经常写到,要

---

* 黑斯廷斯村位于纽约州韦斯特彻斯特县,属纽约城郊区,人口仅8000左右,却出了5位(一说6位)诺贝尔奖得主,以及近百位著名科学家、作家、艺术家和体育明星,是个风景优美、人杰地灵的地方。——译者

把趣味数学纳入K-12课程*。教育工作者也没有能够接受。双方都有争辩,但是社会各界并没有认真尝试。

有一个尝试的人,即斯坦福大学的统计学家苏珊·霍姆斯(Susan Holmes)**。她正在教心理学专业的硕士研究生,这些研究生数学没过关,而且还得通过综合考试。她用马丁的《啊哈！灵机一动》(Aha! Insight)和《啊哈！原来如此》(Aha! Gotcha, W. H. Freeman & Co., 1978 and 1982)作教材。这两本书充满了看上去简单的诡异问题和悖论。她让学生们研究当被一个问题难住时**他们的**心理状态,从而使他们切实地投入工作。我刚刚看完了这两本书。《啊哈！原来如此》一开始是说谎者悖论,即"本陈述是假的",它普遍存在于现实生活、政治、文学和逻辑中。马丁这本书的所有各章,在我反复的重新阅读中,是那样地令我心潮激荡。对我来说,这就是他最伟大的魔术。

现在转到不可解释论者(mysterians)。马丁的学历是芝加哥大学的哲学本科,学士学位。他几乎在主修宗教,而且他一生都对这两个方面兴趣盎然。他的小说《彼得·弗洛姆的出走》(The Flight of Peter Fromm, William Kaufmann, 1973)是对他那个时代在芝加哥发展起来的前卫宗教的一个稍加掩饰的剖析。关于他在芝加哥的岁月,他跟我讲了一个故事。二战结束后,大约1948年,维也纳学派的哲学家鲁道夫·卡尔纳普(Rudolf Carnap)***在访问芝加哥期间,就他新近的思想作了一些公开的演讲。第二天,马丁正在那家美妙的神学院书店

---

* 美国基础教育课程。K-12代表从幼儿园(Kindergarten)到12年级(相当于我国的高三)。——译者

** 这位苏珊·霍姆斯女士就是本前言作者的妻子。——译者

*** 鲁道夫·卡尔纳普(1891—1970),出生于德国的美国哲学家、逻辑学家。逻辑实证主义的主要代表。主要著作有《世界的逻辑构造》(The Logical Structure of the World)等。——译者

浏览,他喜欢的一位哲学教授发现了他。这位教授在卡尔纳普的演讲会上看到过他,于是就问他有什么想法。马丁并没有十分听懂那演讲,但是这位教授把他拉出去,他们一起把马丁的看法进行了大致梳理。就在这个时候,卡尔纳普走来了。教授同他打了招呼,并介绍了马丁。"我们正在讨论你昨晚的演讲。马丁,把你刚才跟我讲的告诉他好吗?"马丁觉得已得到许可,就按他已经想好的详细版本滔滔不绝地讲了起来。卡尔纳普个子很高,而且穿着正装,而马丁就是个小青年,穿得像个1948年的在校大学生。卡尔纳普听了一两分钟,就愤怒地表示不同意:"我可以看出你根本就不具备哲学的背景知识。你说的每一件事都完全错误……"马丁表示抱歉,立刻溜之大吉。

马丁并没有就此退缩。他听完了卡尔纳普的科学哲学课程,而且在好几年后(1958年)同卡尔纳普联系,询问是否把这课程内容写出来。卡尔纳普那时已经去了加州大学洛杉矶分校,这个课程也用录音带录下了。他和马丁把它写成了《物理学的哲学基础》(*Philosophical Foundations of Physics*, Basic Books, 1966)。卡尔纳普后来的工作同我在概率论基础上的工作重叠。他并非不善言辞,但是他十分枯燥无味。马丁的书则充满活力,推荐阅读。

马丁将他的哲学思想集中起来放进了精彩的《一名哲学写手的为什么》(*The Whys of a Philosophical Scrivener*, Quill, 1983)一书中。书中各章是对从"为什么我不是一个唯我论者"(Why I am not a solipsist)一直到"为什么我不能把世界视作理所当然"(Why I cannot take the world for granted)这些基本问题的精彩而生动的概述。在每一章中,马丁"用英语"*说明了这些论题,概括了哲学界的观点,并且必定

---

* 原文是 in English,其实是"直接地、不转弯抹角地"的意思。——译者

会跟我们讲他相信的是什么以及为什么相信。其中有一章令我震惊。马丁是一个如此虔诚的怀疑论者,以致我确信他是个无神论者。第13章"信仰:为什么我不是一个无神论者"(Faith: Why I Am Not an Atheist)纠正了我的看法。当然,其中的讨论是微妙而婉转的,但不可否认的是,马丁对我觉得是幻想的事情(一个人性化的上帝和人的永生性)是接受的。他很乐于详细地讨论这方面的事。一个精彩的尾声:在1983年12月8号的《纽约图书评论》(New York Review of Books)上,对这本书有一个严厉的负面评论。这位知识渊博的评论者,乔治·格罗思(George Groth),把这本书批得体无完肤:"他守护着一个如此不合时宜的,如此跟不上当前潮流的观点,要不是因为有着过多的当代引语和文献参考,他的书差不多可以说是在康德(Kant)的时代写的,而康德可是作者显然钦佩的一位思想家。"这件剔骨挑肉的活儿延续了好几栏。最后一句话有个意外:"乔治·格罗思是马丁·加德纳的笔名。"总之,如果我不得不对他的任何一个论题形成自己的看法,我不知道哪里才是一个较妥当的出发点。

马丁始终迷恋于哲学。在他生命结束的前几年,他开始谈论自己是一名"不可解释论者"。[见他在本书中紧接在序言后面的文章"我是一名不可解释论者"(I Am a Mysterian)。]他向我说明这一点的道理非常简单:

> 大多数人都会接受这样一个事实:黑猩猩没有能力理解量子力学。我感到在人类理解令他们百思不解的困难问题上——这世界是怎么开始的?上帝存在吗?等等——同样是如此。这些问题远在我们自然人的强大解决能力之上,我们去为它们心烦,就如同坚持认为狗能理解广义相对论一样可笑。

这在某些方面是失败主义,但在其他方面则是一种大大的解脱。最近我从搞物理的同事那儿稍稍得到了一点儿这样的解脱。我有时去物理系合作教学。我是数学家，我总是在寻找能从可信的假设出发推出一个所期望的结论的清晰论证（证明）。物理学，或化学，或生物学，不像这样。它们有着它们的论证标准：如果某个形式上的级数展开符合计算机模拟和实验数据，那它就是一个非常好的论证。没有比较正式的证明就接受什么东西，这令我困惑。在我们的课程中，我们每个月都会留出一个小时来讨论"证明的价值"。我觉得我就要终结这个问题了，但并没有。他们用几个问题说服了。"听着，你不知道收音机是怎么工作的，是吧？""是不知道。""但是你打开收音机，它工作正常。我们不能证明物质在低温状态下近似于晶体。但是你把盐晶体撒在你的食物中。你非得要证明什么东西才能去使用它们吗？"

这些问题不像马丁的问题那样深刻，我不会停止努力思考，但能以他的不可解释论哲学作为一个选择，也是一种天赋。这是许多天赋之一。马丁走了，但他的深刻和明晰将在很长一段时间中照亮我们的世界。拿起他写的任何一个作品吧，你会微笑并学到一些东西。

佩尔西·迪亚科尼斯（Persi Diaconis）*
于加利福尼亚州斯坦福

---

* 佩尔西·迪亚科尼斯（1945—　），美国数学家。曾为职业魔术师。本书作者的好友。关于他的更多情况，见本书第四章和第十七章。——译者

序　言

　　美国哲学家威廉·詹姆斯(William James)*曾经说,他不能理解有人怎么会把《圣经》(Bible)从头看到尾,并相信这是上帝的话。《旧约全书》(Old Testament)中的耶和华(Jehovah)**是一个脾气暴躁的、残忍的暴君。他把每一个男人、女人和孩子,以及他们的宠物,统统淹死,除了挪亚(Noah)和他的一家***。他把罗得(Lot)的妻子变成一根盐柱,因为她不听从他——当他的天使正在毁灭所多玛和蛾摩拉时,她回头看了这两座城镇一眼****。摩西(Moses)的两个侄子在一次献祭动物的仪式上不适当地混用了香,上帝非常不喜欢这种烟熏味,就用闪电杀死了这两个男孩*****。

---

　　* 威廉·詹姆斯(1842—1910),美国哲学家、心理学家。实用主义哲学的主要代表之一,机能心理学创始人之一。他的哲学于20世纪初在英语国家中占主导地位。——译者

　　** 在《旧约全书》中,耶和华是上帝的名。见《记出埃及》(Exodus)3章。——译者
　*** 此即挪亚方舟的故事,见《创世记》(Genesis)6—8章。——译者
****《圣经》上说,罗得是犹太人始祖亚伯拉罕(Abraham)的侄儿。他的妻子被上帝变成盐柱的故事,见《创世记》19章。——译者
***** 摩西是犹太人的领袖。《圣经》上说,他曾面受上帝教诲。他的两个侄子是指他兄长亚伦(Aaron)的儿子拿答(Nadab)和亚比户(Abihu)。他们被上帝杀死的故事,见《利未记》(Leviticus)10章。但这里的说法与《圣经》上的叙述有所不同,可能来自对《圣经》的某种解读。——译者

耶稣(Jesus)的上帝比较仁慈。他只是永久地折磨诸如极其富有者那样的坏人。保罗(Paul)*的上帝比较恶劣。他永远地(永远地!)惩罚那些对上帝以及他的复活持不正确信念的人!

单口喜剧演员伦尼·布鲁斯(Lenny Bruce)**有句著名的话:人们正在离开他们的教会而回到上帝那儿。撰写后面这部文风散漫的自传的,就是一个这样的人——我。

马丁·加德纳

于俄克拉何马州诺曼

2010年春

---

* 保罗,或称圣保罗、使徒保罗(前4?—约62)亦译"保碌"。据《圣经》记载,原名扫罗(Saul of Tarsus),初期基督教会的主要领袖之一。早先迫害耶稣门徒,后改信耶稣教义,成为积极的基督教传教士。最终被罗马皇帝尼禄(Nero)处死。他的事迹和他所写或托称他所写的书信,占《新约全书》(New Testament)的1/3。他警告人们若不信耶稣复活,将有怎样的后果,见《哥林多前书》(Corinthians)15章。——译者

** 伦尼·布鲁斯(1925—1966),美国喜剧演员。以其开放、风格自由而具批判性的喜剧形式而闻名。1964年被法庭认定犯有猥亵罪,监禁数月。这次庭审,被认为是美国言论自由上的标志性事件。1966年因服毒过量死亡。2003年纽约州州长乔治·保陶基(George Pataki, 1945—   )为其免罪。——译者

开场白

我是一名不可解释论者

我们的脑是有机分子组成的一个小块。它包含着大约一千亿个神经元,每个神经元都比星系还要复杂。它们以超过一千万亿种的方式连接着。是什么不可思议的戏法,把这个缠绕扭曲得如一团乱麻似的东西,变成意识到自己是个活物,既能爱也能恨,既能写小说也能写交响乐,既能感觉快乐也能感觉痛苦,而且有着一种随意行善作恶的意志?

让我把话说白了吧。我属于一个由称为"不可解释论者"的思想家组成的小群体。其中有托马斯·内格尔(Thomas Nagel)*、科林·麦金(Colin McGinn)**、杰里·福多尔(Jerry Fodor)***,还有诺姆·乔姆斯基

---

* 托马斯·内格尔(1937—　),出生于前南斯拉夫的美国哲学家,研究领域为心灵哲学、政治哲学和神学。主要论文有"做一只蝙蝠是什么感觉?"(What Is It Like to Be a Bat?),主要著作有《利他主义的可能性》(The Possibility of Altruism)。——译者

** 科林·麦金(1950—　),英国哲学家。以心灵哲学,尤其是所谓"新不可解释论"方面的工作而闻名。新不可解释论的理念人类心智还没有具备解决意识问题的能力。主要著作有《意识问题》(The Problem of Consciousness)、《心性》(The Character of Mind)。——译者

*** 杰里·福多尔(1935—2017),美国哲学家、认知科学家。以提出心智模块性和思想语言等假说而闻名。1993年获首届有"心灵哲学界诺贝尔奖"之称的让·尼科(Jean Nicod)奖。主要著作有《榆树和专家》(The Elm and the Expert)。——译者

(Noam Chomsky)*、罗杰·彭罗斯(Roger Penrose)**，以及其他几位。

我们有一个共同的信念，即对于意识，及其不可分割的伴侣自由意志，是怎样从物质的头脑中出现的，就像它们肯定会出现似的，当今在世的哲学家和科学家，没有一位具有哪怕最模糊的想法。不具有某种自由意志(即使仅仅是眨眼的能力或者决定下一步考虑什么的能力)就意识到我们的存在，是不可想象的。如果不处于至少有部分意识的状态，就具有自由意志，同样是不可想象的。

一个人在梦中会处于朦胧的有意识状态，但是通常没有自由意志。生动的魂游体外的梦是例外。几十年前，我有一个短时期一直在服镇静剂。那时候，在魂游体外的梦中，我完全意识到我是在做梦，但是却可以做出真正的决定。在一个梦中，我在一幢陌生的房子里，我想知道我能不能弄出很大的响声来。我捡起一个重物，对着一面镜子扔过去。那玻璃哗啦一声碎了，把我弄醒了。在另一个魂游体外的梦中，我从一只烟缸上拿起一支点着的雪茄，把它靠近我的鼻子，看看我能不能闻到它的烟味。我能闻到。

我们不可解释论者已经相信，那种类型的计算机——我们知道它们是怎样制造出来的，也就是说，是人们用电线和开关做出来的——没有一台会有朝一日跨过一道天堑，变得意识到自己在做什么。没有一种下棋程序，不管如何先进，会知道自己在下棋，就像没有一台洗衣机会知道自己在洗衣服一样。如今最强大的计算机同算盘的区别仅在

---

* 诺姆·乔姆斯基(1928—)，美国语言学家。转换生成语法的奠基人之一。主要著作有《语言和心智》(Language and Mind)。——译者

** 罗杰·彭罗斯(1931—)，英国数学家、数学物理学家、科学哲学家。本书作者的好友。在广义相对论和宇宙学上有杰出贡献。2020年诺贝尔物理学获得者。关于他的更多情况，见下文及本书第十五章和第二十一章。——译者

于：在功能上它们能遵循更为复杂的算法，以不可思议的速度把1和0玩得溜溜转。

少数不可解释论者相信，科学会在某个辉煌的日子发现意识的奥秘。例如彭罗斯，他认为这个谜的解决可能有待于对量子力学的一种更深刻的理解。我属于比较激进的一派。我们相信，认为进化已经停止了对脑的改进，那是过度傲慢了。尽管我们的DNA同黑猩猩的几乎一致，但是没有办法教一只黑猩猩学微积分，即使让它理解2的平方根也不可能。肯定存在着远超出我们理解能力的真理，就像我们的理解能力超出一头牛的一样。

为什么我们的宇宙是按数学可描述的方式来构造的？为什么如斯蒂芬·霍金（Stephen Hawking）最近所说的那样，它要费力地存在？为什么这里面会有一些东西而不是空无一物？仙女座中可能有先进的生命形式知道答案。我肯定不知道。你也不知道。

马丁·加德纳，2007年8月

摘自《圈能解释意识吗？评〈我是个怪圈〉》
（Do Loops Explain Consciousness? Review of *I Am a Strange Loop*）
《美国数学会通讯》（*Notices of the AMS*）第54卷第7期（2007年8月）
美国数学会出版

第一章

最早的记忆

我一向喜欢颜色,所有的颜色。对我来说,能看见颜色,是上帝的伟大恩典之一。(是的,弗吉尼亚,是有个上帝*。在本书的最后一章,我将解释为什么我称自己是一个哲学上的有神论者。)我在脑海里搜寻我能回忆起的最早的事,我能想到的最美好的情景,是一个关于颜色的记忆。那是在塔尔萨**,一个阳光明媚的秋日,我正被父亲抱在怀里,地上铺满了枫树的落叶。我指着一片叶子,那意思是我想要它。爸爸捡起这片叶子,把它递给了我。叶子上,红色、褐色、黄色,色彩斑斓,交相辉映。

我母亲也喜爱颜色。她曾经是肯塔基州列克星敦市的一位幼儿园教师,受过关于蒙台梭利方法***的培训。她在幼儿园喜欢教她的孩子

---

* 1897年9月21日的《纽约太阳报》(The New York Sun)上,刊登了8岁女孩弗吉尼亚·奥汉隆(Virginia O'Hanlon, 1889—1971)的来信和该报的答复[由资深编辑弗朗西斯·丘奇(Francis Church, 1839—1906)执笔]。弗吉尼亚问是不是真有个圣诞老人。答复真诚而巧妙,其中说道:"是的,弗吉尼亚,是有个圣诞老人。"如今,"是的,弗吉尼亚,是有个……"已成了美国的一种流行语。——译者

** 塔尔萨(Tulsa),美国俄克拉何马州第二大城市,作者的故乡。——译者

*** 玛利亚·蒙台梭利(Maria Montessori, 1870—1952),意大利女教育家。她1909年提出了一套培养幼儿自觉主动的学习和探索精神的教育方法。人称"蒙台梭利方法"。——译者

们各种颜色的名称。我记得她当时给我做了六个纱线球,三个球是鲜亮的三原色*,另三个球是鲜亮的间色**。她会指着房间里的各种物件,要我说出它们是什么颜色。晚年,她在塔尔萨大学跟艾达·鲁宾逊(Adah Robinson)学习美术时,她在她所画的那几十幅静物画中尽情挥洒着颜色。

鲁宾逊小姐在塔尔萨很有名,她是波士顿大道卫理公会教堂的设计师,那是我们去做礼拜的教堂。她还为塔尔萨的基督教科学派第一教堂做了室内设计。她画的我母亲的油画肖像,现由塔尔萨的吉尔克里斯博物馆收藏。

我记得我是个孩子的时候,有一天,我生了什么病躺在床上。母亲带了一盒水彩颜料来到我床边,并在一张纸上画了一幅日落景象的水彩画。我现在仍能真切地回忆起画上那熠熠生辉的颜色。

在我们所住的塔尔萨南奥瓦索大街2187号的大房子中,挂着肯塔基州美术家保罗·索耶(Paul Sawyier)的几幅水彩画。索耶是我母亲极其赞赏的一位画家。许多年之后,我把索耶的一幅画的复制权卖给了肯塔基州法兰克福***的一家画廊,那画上画的是一座廊桥。索耶是肯塔基州最著名的美术家。在法兰克福的州议会大厦里,专门有一间房间是供他工作的。你可以买一部厚厚的关于他绘画作品的书。

我母亲热爱颜色的一个典型表现是,她看到彩虹就快乐得不得了。如果下了一场阵雨,接着又出了太阳,特别是这太阳位于天空低处,她就会急忙冲到室外寻找彩虹。如果是有一道彩虹,她又会匆匆去打电话,通知十几个朋友,催促他们快到外面去看彩虹。这里引用威

---

* 即红、黄、蓝。——译者

** 用三原色两两混合形成的颜色。——译者

*** 法兰克福是肯塔基州的首府。——译者

廉·华兹华斯（William Wordsworth）*的两句人们耳熟能详的诗句，略有改动：

当她看到空中的彩虹，

她的心就会怦然跳动。**

虽然我现在是个老人，但当我看到彩虹时，我的心仍然也会怦然跳动。有一天早上我看到了一道霓***，当时我的心差点跳出了嗓子眼。关于虹，其神奇之处在于，它不是位于天空中"那个地方"的某种东西。它只存在于眼睛的视网膜上或者照相底片上。你在镜子中的像与此相似，它并不是藏在你梳妆镜背后的一个东西。顺便问一下，当房间里什么也没有时，镜子看上去会是怎样？为什么镜子里物件的像会左右反转，但没有上下颠倒？

我们那奥瓦索大街的家中，在客厅壁炉的上方有一幅油画，那是著名的荷兰美术家——贝尔纳德·波塔斯特（Bernard Pothast, 1882—1966）的作品。它表现一位母亲和孩子在吹泡泡。我记得我和母亲吹出的泡泡上，那颜色飘移不定，我非常欣赏，试图抓住这些泡泡。母亲喜欢的一首歌中唱道："我永远在吹泡泡，可爱的泡泡空中飘摇。它们飞得如此之高，它们几乎到达云霄。然后就像美梦一场，它们萎蔫，它们消亡。幸福总是隐藏，我已到处张望。我永远在吹泡泡，可爱的泡泡空中飘摇。"我还没有忘记这个曲调，喜欢用我的乐锯演奏它。

---

* 威廉·华兹华斯（1770—1850），英国诗人。作品歌颂大自然，开创了浪漫主义新诗风。1843年被封为桂冠诗人。——译者

** 出自华兹华斯的诗《我的心怦然跳动》（My Heart Leaps Up）。原文的中译文当是："当我看到空中的彩虹，我的心就会怦然跳动。"——译者

*** 日光或月光在空中水滴内经两次折射和一次反射形成的是虹，经两次折射和两次反射的就称为霓。霓通常出现在虹的附近，较虹暗淡，颜色排列顺序与虹相反。——译者

是的，我演奏锯子。G. K. 切斯特顿(G. K. Chesterton)*有一句人们熟悉的格言：如果有什么事值得做，那么即使会把它做得很糟糕也值得做。我演奏锯子就很糟糕。就像福尔摩斯(Holmes)和他的小提琴，当我没有更合适的事情可做时，就把锯子从一只墙钩上拿下来，连同一把毡尖木槌，然后敲出熟悉的曲子，以此放松半个小时。当然有几百首曲子可选，包括那些福音金曲，它们的原始歌词，我一直没法遗忘。

　　抖动左腿可以给锯子的纯粹音调加上颤音。我还得进一步，或许永远做不到，用一把大提琴琴弓代替木槌使锯子振动。我不确定是否有许多读者知道玛琳·黛德丽(Marlene Dietrich)**是一位锯子演奏家。她甚至还开过音乐会！在我那本荒唐的小说《来自奥芝国的访客们》(Visitors from Oz)中，我让多萝西(Dorothy)***从堪萨斯州的农场工人那儿学会了怎样演奏锯子，后来在一次《奥普拉·温弗瑞脱口秀》****上作了表演。铁皮樵夫则用他的铁皮拳头捶击他的空心胸膛来提供低音声部。

---

　　* G. K. 切斯特顿(1874—1936)，英国作家、散文家、诗人、文学评论家，作品以布朗神父侦探系列小说最为著名。——译者

　　** 玛琳·黛德丽(1901—1922)，出生于德国的美国演员兼歌手。在美国家喻户晓。她演唱的《莉莉玛莲》(Lili Marleen)是二战中美、德双方士兵最喜爱的歌曲。——译者

　　*** 美国作家L.弗兰克·鲍姆(L. Frank Baum, 1856—1919)所著童话小说《绿野仙踪》(The Wizard of Oz)中的主人公。小说讲述堪萨斯州的乡下小姑娘多萝西，被一阵龙卷风吹到了一个叫奥芝国的地方，在那里经历了一系列冒险后安然回家的故事。小说于1900年出版后，大受欢迎。鲍姆又写了13部续集，形成绿野仙踪系列童话，风靡全球。鲍姆逝世后，有若干作家为这个系列续写了多集，本书作者也写了《来自奥芝国的访客们》，1998年出版。书中他让多萝西和她的伙伴们去了一次纽约城，其他内容后文有简单提及。绿野仙踪系列童话如此脍炙人口，因此下面不再对其中的人物和地点作注。——译者

　　**** 由美国女演员、主持人奥普拉·温弗瑞(Oprah Winfrey, 1954—)主持的电视谈话节目，从1986年开始，到2011年停播，连续25年，据说平均每周吸引3300万名观众，收视率在美国历史上居首。众多明星上过这档节目。——译者

创造了奥芝国的鲍姆是我的文学偶像之一。他十分喜爱颜色,以致他把奥芝国分为5个地区,每个地区有一种主导颜色。东边是孟奇金国的地域,颜色是蓝色。西边是温基国,主导颜色是黄色。紫色轻淡地染着奥芝国北边荒野的地区,而红色则掌控着南边的奎德林国,格林达(Glianda)居住在那里。奥芝国的中央是绿色的翡翠城。(如果我什么时候再写一本关于奥芝国的书,我将引进橙镇*,那里的主导颜色是橙色。)我说服父母买下了鲍姆的所有14本绿野仙踪童话书,以及他所有的不属于绿野仙踪系列的幻想小说,其中有一些——比方说《天空岛》(*Sky Island*)——我认为比他绿野仙踪系列中的许多故事写得好。

当我是个孩子的时候,我十分喜爱绿色,于是我母亲就把绿色选作我卧室墙纸的颜色。时至今日,当我看到一个小姑娘穿着蓝色的衣裳时,我就把她看作孟奇金人。如果有谁招待我吃鲜绿色的果冻,我会禁不住想象自己正在翡翠城。

成年后,我极其愉快地同杰克·斯诺(Jack Snow)和贾斯廷·席勒(Justin Schiller)合作,一起创建了"国际绿野仙踪精灵俱乐部"。[参见我的《来自超空间的精灵》(*The Jinn from Hyperspace*)一书中关于"绿野仙踪俱乐部是怎样启动的"的那一章。]斯诺是两本绿野仙踪系列童话续集和《奥芝国人物谱》(*Who's Who in Oz*)的作者,而正是席勒,在14岁那年创办了他所称的《鲍姆号角》(*Baum Bugle*)。那时这本东西是用订书钉把几张油印的纸订在一起做成的。在它的刊头,我被列为董事会主席!如今绿野仙踪俱乐部在美国的4个城市每年按例各举行一次年会,并出版一本漂亮的学术性季刊,名字仍然叫《鲍姆号角》。

大约就在绿野仙踪俱乐部开始正常运行,几百名各种年龄的会员突然发现他们对绿野仙踪童话的热爱并非孤芳独赏的时候,美国的文

---

* 原文是 Orangeville,这里作意译。其实在美国和加拿大,有好几个地方叫这个地名,一般音译为"奥兰治维尔",也有意译为"橘镇""橘子镇""橘市"的。——译者

艺批评界和图书馆界却对鲍姆几乎没有兴趣。一位女学者写了一本论述青少年文学史的著作，超过400页，其中一个字也没提到鲍姆！当朱迪·嘉兰(Judy Garland)*的电影正在向几百万儿童介绍奥芝国的时候，底特律市图书馆界的首脑人物却傲慢地宣称，他认为绿野仙踪童话书十分不适合儿童，因此他不允许这样的书进入任何一家市图书馆！这一举动令底特律的一家报纸十分愤怒，它将《绿野仙踪》分段连载，并在每一段前加了一个声明，说你的孩子在任何一家底特律图书馆都不可能借到这本书。当大量关于鲍姆的文章开始出现在一些声名卓著的杂志上后，图书馆界开始改变想法。转折点来自哥伦比亚大学图书馆，这个由罗兰·鲍曼(Roland Baughman)——一位鲍姆迷——所领导的图书馆举办了一次展览，展出了鲍姆所著全部图书的初版。这次展览的目录现在是收藏家的珍品。

就在哥伦比亚大学这次展览前几年，我在由绿野仙踪爱好者安东尼·鲍彻(Anthony Boucher)任主编的《幻想和科学小说》(*Fantasy and Science Fiction*)杂志上，分两部分发表了鲍姆的传记。其中首次列出了鲍姆所著全部图书的一份相当完整的书目，包括他以各种笔名出版的图书，例如他署名伊迪丝·范戴恩(Edith Van Dyne)的写给女孩子们看的那几套丛书。在我的这份书目传播开来之前，我在新泽西州逛了一家二手书店，买下了店里所有范戴恩的书，每本25美分。在该书目出现之后，过去从未意识到他们书库里有着鲍姆的书的书商们，把这个书价暴涨到了20美元。

我是在母亲身后越过她肩头看她大声朗读《绿野仙踪》而学会阅读的。我只是跟着仿效她念的词句。这给我在读一年级时造成了一个麻

---

* 朱迪·嘉兰(原名Frances Ethel Gumm, 1922—1969)，美国女演员和歌唱家。1939年出演米高梅公司的电影《绿野仙踪》中多萝西一角，一举成名。——译者

烦。当老师举起写着诸如 dog 或者 cat 这类词的卡片时,我就会第一个把它们大声说出来。当这位老师教其他孩子时,她就强迫我保持安静。当然这意味着我得闷声坐着,百般无聊。

成年后,我为多佛出版公司出版的鲍姆的6种幻想小说平装本写了引言。这些都是他描写除奥芝国之外的魔幻之地的最佳作品。最后我自己写了本关于奥芝国的书,即《来自奥芝国的访客们》。它不是写给孩子们的,而是针对熟悉绿野仙踪童话的成人的。其中讲了多萝西、稻草人和铁皮樵夫在奥芝国吉利金地区的冒险经历,以及他们访问纽约城,传播一部关于奥芝国的新音乐剧的故事。我第一次揭示了卡罗尔的"奇境"*其实是在奥芝国的地下,玛丽·波平斯(Mary Poppins)**就住在奥芝国,而流亡的希腊诸神在奥芝国的小奥林匹斯山上找到了一个家***。《纽约时报》(New York Times)称我的书是"一本劣质的小说",但是令我意外的是(因为鲍姆在英格兰几乎无人知晓),伦敦的《泰晤士报文学副刊》(Times Literary Supplement)给了这本小说一个长长的表示赞许的评论。

我的另一位喜爱颜色的文学偶像是切斯特顿。他最好的短篇小说

---

* 指卡罗尔所著童话小说《艾丽丝漫游奇境记》中,艾丽丝在梦中漫游的奇妙世界。——译者

** 澳大利亚女作家帕梅拉·林登·特拉弗斯(Pamela Lyndon Travers,1899—1996)所著童话小说《玛丽·波平斯》(Mary Poppins)中的主人公。小说讲述仙女波平斯化身保姆来人间帮助两位小朋友重获生活乐趣,并让其父母重享天伦之乐的故事。1934年出版后,即获成功。特拉弗斯又陆续写了多部续集,直到1988年,形成玛丽·波平斯系列童话,一共8本。1964年由迪士尼公司拍成歌舞片,续集于2018年上映,中文名分别为《欢乐满人间》和《欢乐满人间2》。——译者

*** 此小说中描述,罗马帝国崩溃后,基督教成了欧洲的宗教,人们不再信奉希腊诸神,而诸神也几乎失去了他们高强的法力,又不能生活在无人相信他们是真实存在的地方,于是流亡到奥芝国定居。——译者

之一,《着色的土地》(The Coloured Lands),首先发表在他逝世后出版的一本文集中,名字就叫《着色的土地》。我在为此文集的多佛出版公司重印本所撰写的引言中,这样概括这篇小说:

《着色的土地》是一本关于一个奇怪的青年男子的短篇故事。这男子让一个名叫汤米(Tommy)的男孩透过带有有色镜片的眼镜看东西。有4副这样的眼镜,它们把每一样东西都变成了单色,即蓝色、红色、黄色或绿色。这男子告诉汤米,当他自己是个孩子的时候,曾经对有色眼镜非常痴迷,但不久就厌倦了看这种单一颜色的世界了。他解释道,在一个玫瑰红的城市里,你看不到玫瑰花的颜色,因为所有的东西都是红色的。在一位法术高强的术士的建议下,这男子被告知用他喜欢的任意方式画风景画:

"于是我小心翼翼地开始工作。首先用大量的蓝色封围,因为我想这样会凸显出在中间呈白色的某种方块;然后我想沿着这白色方块的顶部有一条某种类型的暗金色会很好看;又在这方块的底部泼洒了一些绿色。至于红色,我已经找到了红色的奥妙所在。你必须用非常少的红色来制造有大量红色的效果。因此,我只是在绿色上方紧靠着的白色上弄了一排鲜红色的小点。当我继续做着细节上的工作时,慢慢发现了我在做着什么;这一点是这个世界上少到不能再少的人才有可能发现的。我发现我已经一点一点地把就在那儿不远处的那幅画面整个儿地放到我们的面前。我画了那有着茅草屋顶的白色村舍以及它后面的夏日天空,画了下面那绿色的草地;还有那排红色花朵,正如你现在看到它们的样子。我想你可能有兴趣知道这一点。"

切斯特顿的虚构小说以那些颜色词给文字增辉添彩。其中有对日出和日落的美丽描述。他喜欢在他的小说中给女人安上红头发,甚至偶尔给男人也安上。切斯特顿是在一所商业艺术学校接受的教育——他从来没进过大学——他爱好用彩色粉笔在褐色的纸上作画。你会在《着色的土地》中发现他的一些彩色素描。他最杰出的文章之一,《灰色的荣光》(The Glory of Gray),是说灰色背景如何加强了任何颜色的亮度。我总是对切斯特顿连一本绿野仙踪童话书也没有读过而感到遗憾。我想奥芝国的那些颜色会令他愉快,就像它们令我愉快那样。

关于我早年生活的其他记忆,只有很少浮上心头且值得一说。我父母的第一幢房子,在塔尔萨的北边,非常小。关于它的情况,除了室外有个水泵,母亲用它抽水外,我什么也不记得了。那时塔尔萨是个小村庄,没有自来水。与这房子有关的事,我唯一能记起的,是一个厨师在后院杀一只小鸡,他把它的头揪了下来,这只可怜的小鸡没有了脑袋,在草地上到处扑腾,扑腾了有好几分钟。

我们的第二个且较大的房子,在北丹佛,现在仍在那儿。我对它只有一些模糊的记忆,比方说我站在一个最高的踏阶上,用一只手触摸天花板。我记得我从一只沙发上跌下来,把左手腕摔骨折了。我回想起我在一家医院里做包皮环切术,做这个手术的理由那时我弄不明白。我还能记得我的扁桃体被摘除了,于是我享用了好几天冰淇淋。

我无法抗拒地要把一件令人好笑的人生小插曲写进来,它发生在我还没长到足够大以能把它记住的时候。我知道这件事,仅仅是因为后来听我父亲说的。当时我和父母正在我父亲的兄长埃米特(Emmett)伯伯家里做客。他住在肯塔基州的路易斯维尔。他是这个州的最早的精神病医生之一,有着一家非常成功的诊所,这使得他创建了并经营着这个城市的第一家精神病院。他身材高大,相貌英俊,一头红发,还有一条古怪的舌头,那上面纵横交错地满布着深深的沟纹。像我父亲一样,他有一种强烈的幽默感。他乐于听和讲关于精神病医生和他们病人的笑话。例如,一名病人告诉他的精神病医生,他晚上不能入睡,因为他在他卧室里关着一头山羊,而且窗户全闭着,他受不了那山羊的气味。

"你为什么不打开一扇窗呢?"精神病医生问。

"那我的鸽子会全飞出去啊?"

一天,埃米特伯伯开始给我讲一个谜。他说一只鸭子在两只鸭子的前面,一只鸭子在两只鸭子的后面,而一只鸭子在两只鸭子的中间。一共有多少只鸭子呢?埃米特忘了该留住答案不说,他张口就说,"一共有三只鸭子"。然后他突然意识到了他的错误,于是爆发出阵阵的大声狂笑。

然而,这并不是我爸爸喜欢说的那件事。我们在路易斯维尔做客的一天晚上,我与伯伯同睡一张床。半夜我被一股强烈的尿急感弄醒。埃米特伯伯半睡半醒地在紧靠床边的一张桌子上取了一个空玻璃杯,拿住它让我"释放"。然后他把这玻璃杯放回桌子上,我们俩就回到了梦乡。到早上,我们发觉床湿了。那杯子口朝下倒置着!

我应该补充一下,埃米特对弗洛伊德(Freud)的低评价,远远领先于他的时代。我曾经问他,卡伦·霍妮(Karen Horney)*——一位美国精神分析学家——当时所写的普及性图书怎么样。他居然从未听说过她!

---

* 卡伦·霍妮(1885—1952),出生于德国的美国女心理学家,新弗洛伊德主义的主要代表之一,不赞同弗洛伊德的泛性论,在保留精神分析的基本原则的前提下,形成了自己的观点与方法。她的多部著作被翻译成中文。——译者

第二章

李学校

你是我的穿花布衣服的皇后；

我是你的害羞的赤脚情郎。

——1907年的歌曲，

威尔·科布(Will Cobb)和格斯·爱德华兹(Gus Edwards)*作格

我从一年级到六年级都在李学校(Lee School)上学。那是一幢红砖墙的建筑，从我所住的南奥瓦索大街2187号出发，它在我的步行可达距离之内。我们家的这幢房子很大，足以让我的外祖母露西(Lucy)，我母亲的兄弟、舅舅欧文(Owen)**，我的弟弟吉姆(Jim)，以及后来我的妹妹朱迪思(Judith)舒适地住下。李学校现在仍在那儿。我对我的老师们有着愉快的记忆，特别是波尔克(Polk)太太。她让她所有的学生朗读和记住一大段一大段的流行诗篇。我现在仍能背诵亨利·朗费罗

---

* 威尔·科布(1876—1930)，美国流行歌曲作家。格斯·爱德华兹(1878—1945)，出生于德国的美国作曲家、流行歌曲作家、制片人。这两句歌词取自他俩合作的流行歌曲《上学的日子》(School Days)。——译者

** 这里原文是her brother, Uncle Owen。按上文，这个her(她的)，是指"外祖母的"，这样这位欧文是作者的舅公。但按原书索引，欧文姓施皮尔斯(Spiers)，与作者母亲的娘家姓相同，而其外祖母的娘家姓诺曼(Norman)。可见欧文是作者母亲的兄弟，当是舅舅。——译者

(Henry Longfellow)的《白昼已尽》(The Day is Done)的全文和艾尔弗雷德·诺伊斯(Alfred Noyes)*的《拦路强盗》(The Highwayman)的第一节：

> The wind was a torrent of darkness among the gusty trees.
> The moon was a ghostly galleon tossed upon cloudy seas.
> The road was a ribbon of moonlight over the purple moor,
> And the highwayman came riding — Riding — riding —
> The highwayman came riding, up to the old inn-door. **

> （风，是一股黑暗的激流，在阵阵喧嚣的树林中盘旋。
> 月，是一艘鬼魂的帆船，在浓云密布的大海上荡颠。
> 路，是一条月光的缎带，在紫色弥漫的荒野上蜿蜒。
> 那个拦路抢劫的强盗，
> 策马而来——策马而来——策马而来——
> 强盗策马而来，来到这小客栈老式的门前。）***

波尔克太太对诗的热情很有感染力。也真是的，我们还得记住她自己的一首诗。这首诗接近于打油诗，我仍然能想起它的开头：

> When I see a star with its mellow light aglow

---

* 艾尔弗雷德·诺伊斯(1880—1958)，英国诗人。以其抒情诗而闻名。——译者

** 我对这首诗有个滑稽仿作，其中客栈老板那黑眼睛的女儿贝丝(Bess)，用枪射杀了她的情人而不是她自己。见我的《讨人喜欢的滑稽模仿诗》(*Favorite Poetic Parodies*)一书。那首模仿诗出现在署名 Armand T. Ringer（我名字 Martin Gardner 的同字母异序词）的下方。——作者

*** 这首诗描述的是：一名强盗与小客栈老板的女儿贝丝相恋；强盗去抢夺财宝以献给情人时，一队士兵来到客栈，将贝丝绑住，并设伏欲捕杀强盗；就在强盗到来之际，贝丝设法扣动了一支抵在她胸口的滑膛枪的扳机，以自己的生命向情人示警；强盗先是逃遁，后知真情，即拍马赶回，路上中枪殒命，与情人共赴黄泉。——译者

I think of Him who placed it there

A million years ago.

（我见一星在天穹，光芒柔和微发红。

想起一百万年前，上帝将它放此宫。）

波尔克太太是悬疑小说的一位热心读者。那时 S. S. 范达因（S. S. Van Dine）*的《主教谋杀案》(The Bishop Murder Case)正在一家期刊上连载，我和她都读了开头的一部分。一天她打电话给我，问我是否判断出谁是那一系列谋杀案的凶手。我没有，但是她判断出来了，而且她的判断被证明是绝对正确的。

一天下午，波尔克太太来我们家访问，我给她表演了魔术师们所谓的四张 A 戏法。有四叠牌，每叠四张。那四张 A，分别是各叠牌的最底下一张。请一位观众选定一叠，结果其他三叠牌中的 A 全没了，它们都出现在被选定的那叠牌中。这个戏法有无数个变种。

我的版本是用三张双面牌——正面是 A，翻过来就变成其他牌了。波尔克太太对我的表演非常钦佩。我在这里提这件事，一是因为这是我的关于给我家之外人士表演戏法的最早记忆，二是因为这表明我这么年轻就乐于变戏法。

有一桩令人难过的课堂事件卡在我的记忆中。我想它发生在李学校，但也可能发生在后来的贺拉斯·曼**，我念的一所初级中学。由于

---

* S. S. 范达因（真名 Willard Huntington Wright，1888—1939），美国作家。1925 年重病住院，康复期间，开始写侦探小说，塑造了风度优雅的大侦探菲洛·凡斯（Philo Vance）的形象。第一本侦探小说《班森谋杀案》(The Benson Murder Case)出版后，受到欢迎。于是继续写，一共写了 12 本，由此声名大噪。——译者

** 这里是简称，全称是贺拉斯·曼初级中学。顺便介绍，贺拉斯·曼（Horace Mann，1796—1859），美国教育家。美国公立学校运动的倡导者和组织者，被誉为"美国公共教育之父"。——译者

这样或那样的原因，课堂上一名学生走向门口。那位老师是新入职的，她试图恢复课堂秩序无果，就推了他一把。他的头撞在了门上，把门上半部的玻璃也撞碎了。我记得我对这位手足无措的老师感到同情，她对维持上课秩序毫无经验。我也为我加入了起哄喧闹而觉得羞愧。当然，这个可怜的女人被解雇了，代替她的是一位严厉的老师，这位老师不久就把我们所有人都置于她的掌控之下。

从2187号出发沿街不远，那儿住着一名男子，他有一对奇特的耳朵。他能把它们折起来塞进耳洞，而它们就这样折着待在耳洞里，直到他摆动耳朵，这时它们才会弹出来，回到正常状态。在这个男子的院子后面，养着一条大黑狗，名字叫"拉吉"。拉吉特别喜欢到我们家来，这里有一个大院子和一个用铁丝网围起来的网球场。网球偶尔会飞越铁丝网，掉进叶丛中不见了。拉吉非常喜欢去寻找丢失的网球。当它找到一个时，就会把球带到某个人那儿，求这人把球抛出去。于是它就会飞奔过去，通常是一个高高的弹跳，把球逮到，然后把球带回来，如此不断重复。我逐渐对拉吉有了相当的了解，足以把它认作一位朋友。它是我所知道的最聪慧的狗。

一天下午，我父亲把一个网球放在一个倒置的提桶底下。拉吉用它的鼻子推提桶，竭尽全力要把提桶翻过来，但这提桶就是不肯翻成正立。于是父亲牵起拉吉的一只爪子，放在桶底上，然后把提桶翻过来了。当父亲把网球放回提桶底下时，拉吉立即用一只爪子把提桶翻了过来。

由于某个我想不起来的原因，我曾去拉吉的那个大狗舍所在的后院。我向狗舍里窥视，狗不知到什么地方去了，但我发现里面充斥着几十个它收罗来的网球！

我在李学校的课上，受到两位科学课老师的关注。一位是个年轻而颇有魅力的金发女郎，她对科学知识非常熟悉。我记得，当她告诉全班同学,卡尔斯巴德洞穴*的钟乳石和石笋证明地球的年龄远大于《创世记》所说的一万年时,我是多么吃惊。在那个岁月里,公立学校的老师都害怕质疑《圣经》的历史准确性,不管以什么方式,而且比现在还要害怕。

另一位老师,是个中年妇女,没有受过科学方面的培训。她向全班同学保证,我们永远不能使太空飞船在月球登陆。她还说,火箭在太空的真空环境中简直不能工作。我同她有过一些争论,因为我已经阅读了大量的科学幻想小说,包括儒勒·凡尔纳(Jules Verne)和H. G. 威尔斯(H. G. Wells)的小说,而且我理所当然地认为,太空旅行是势在必行的。在高级中学,我成了雨果·根斯巴克(Hugo Gernsback)**的《令人惊奇的故事》(Amazing Stories)的一名创始订户***。那是世界上第一本全部刊登科学幻想小说的杂志。如果我把这本杂志第一年各期保存下来,如今它们可值一大笔钱呢。但我把它们全给了我的中学物理老师H. E. 赫斯特(M. E. Hurst)。关于他,我在下一章还有话要说。

在订阅《令人惊奇的故事》之前,我还每月收到一期根斯巴克的极其精彩的杂志《科学与发明》(Science and Invention)。它不仅在《令人惊奇的故事》之前就发表科学幻想小说,而且它关于科学未来的狂野不羁的推测,是"碰巧说中"和"说歪了"的一种令人愉快的混合物。我记得

---

* 美国新墨西哥州东南部的一个洞穴,是美洲第三大洞穴,形成于2.8亿—2.25亿年前的二叠纪,19世纪末被发现,现已被建成美国国家公园。它景观美妙,变化多端,同时为地质学家研究地质构造变化进程提供了完整的信息。——译者

** 雨果·根斯巴克(1884—1967),出生于卢森堡的美国发明家、出版家,科学幻想小说的主要奠基人之一,被誉为"科幻杂志之父"。世界科幻小说协会于1953年起将每年颁发的科幻小说奖以他的名命名为"雨果奖"。——译者

*** 原文是charter subscriber,即杂志创刊时的第一批订户。可能有某些优惠,如折扣和小礼品。——译者

有一期很棒的封面是展示一个火星人会长得什么样。另一期封面则是"碰巧说中"的一个例子，它表现一对在接吻的夫妻，有金属导线将他们身体的某些部分连到他们的脑，并连到测量他们对接吻的反应的仪器设备。这封面是一篇关于科学正在怎样开始研究性行为的文章的插图。还有一期"碰巧说中"的封面是直升机帮助盖摩天大楼，和战争中使用火焰喷射器的画面。有许多封面是专门配合揭露伪科学，如占星术、唯灵论和永动机的文章的。有一期令人着迷的封面，描绘了一个场景，要求你对其中所有的科学错误进行计数，例如一道颜色顺序排错了的虹，轨迹曲线错误的喷射水流，等等。

这本杂志中有着大量关于魔术的文章。魔术师约瑟夫·邓宁格（Joseph Dunninger）* 每月有一页篇幅专讲魔术。我想起有一期封面是展示邓宁格正在用一把巨大的电动圆锯将一位女士锯开。另一期封面是一篇关于怎样制造一台特雷门琴**的文章的插图。特雷门琴是一种电子乐器，它纯粹通过在两根天线附近挥舞双手——绝不碰到天线——来操控。"影子侠"的塑造者沃尔特·吉布森（Walter Gibson）***和许多魔术书的作者，为杂志贡献了关于用硬币、手帕、火柴、纸牌等来变戏法的文章。还有些版面专门刊登最新的发明和稀奇古怪的专利。

---

* 约瑟夫·邓宁格（1892—1975），美国魔术师，尤以读心术闻名遐迩，写有大量关于魔术的著作和文章。——译者

** 特雷门琴以其发明人的姓命名。列昂·特雷门（Leon Theremin，俄文名 Лев Сергеевич Термен，1896—1993），俄国（苏联）工程师、发明家，大约于1920年发明了这种世界上最早的电子乐器。——译者

*** 沃尔特·吉布森（1897—1985），美国作家、魔术师。广播剧、小说、连环画、影视剧人物"影子侠"（The Shadow）的塑造者。影子侠是一个功夫高强、行侠仗义，白天风流倜傥、晚上出去除暴安良的超级英雄，20世纪30年代风靡北美，到1994年还有影子侠的电影上映，中文名《魅影奇侠》。——译者

根斯巴克让一位名叫克莱门特·费赞迪（Clement Fezandie）的中学科学课老师发表了40个短篇故事，它们说的是哈肯绍博士的科学发现。尽管这些故事为科幻作家们后来开发的几十个主题开了先河，但它们自发表后一个也没有被重印过。我曾经设法使出版商有兴趣让我做一个《科学与发明》的最佳作品选集，但没有人接受。

有好多年，《科学与发明》的封面是用金粉纸印的，以象征科学的黄金时代。仅根斯巴克的杂志社论就充满智慧，值得重印。20世纪20年代，他竟然在纽约城运营着一家电视播放台！那屏幕大约一张明信片大小，你还得自己制造一台接收器。它的图像是由一个有着一些螺旋孔的旋转圆盘产生的，这圆盘同步于一个扫描着要传输的场景的类似圆盘。关于我对根斯巴克的赞颂，见我的《从浪迹天涯的犹太人到小威廉·F. 巴克利》(From the Wandering Jew to William F. Buckley, Jr.)一书的最后一章。

我母亲在列克星敦有两位亲属，他们已经衰老，健康堪忧，视力衰退，生活贫困。他们是我母亲的母亲露西，以及我母亲的兄弟欧文。我父亲已因他的油井而变得富有，他同意将露西和欧文接到塔尔萨来，住进一幢大到足以使他们可以有各人自己房间的房子。几年后，在列克星敦的安妮（Annie）姨妈患癌，处于临终状态，我母亲让她住在这幢房子的客房里，直到她去世。

这幢拉毛粉饰墙的大房子是我爸爸从建造它的那户人家手中买下的，它现在仍伫立在塔尔萨南边的南奥瓦索大街2187号。它有五间浴室，一层专供仆人居住的楼面——三楼，那儿厨房浴室配备齐全。院子又宽又大，有一个车库，其二楼有一个套间；还有一个水泥地的网球场，用高高的铁丝网围着。

我妹妹朱迪思（Judith）出嫁后住到东部地区去了。她有一次去塔尔萨拜访。其间某一天，她得知这幢老房子空着，而且挂牌待售。她去看了这幢房子。当房屋销售代理人把一群人带到一个地方,说这里曾经是一个游泳池时,她觉得十分好笑。这其实是那网球场所在的地方。朱迪(Judy)*没有纠正代理人的错误,也没有告诉代理人她曾经在这幢房子里住过。

2008年前后,我居然以一种莫名的荣幸察看着这幢南奥瓦索大街上的老房子。这件事的经过如下。

达纳·理查兹(Dana Richards),乔治梅森大学的一位计算机科学家,多年来保存着一个详细的文献目录,其中列有我发表的每一样东西,甚至包括我给编辑们的信件。他还正在致力于写一个传记。为了这个传记,他需要一张我站在塔尔萨那房子前门口的照片。于是,他开车把我从诺曼拉到塔尔萨去拍那张照片。当他正在抢拍快照的时候,那房子的女主人出来看是怎么回事。达纳向她作了解释,她随即邀请我们进入她家,并允许我在里面到处逛荡达半个小时。当然,这唤回了我一大堆幸福的回忆。

这房子经历了许多前房主对它的室内屋外大量的重新装修。那个大院子被切割成许多块,分别卖出去了。网球场和车库不复存在。房子里面最大的变化是装了一部电梯,从地下室运行到三楼。

本来,三楼是设计让仆人住的,浴室厨房配备齐全。有一道后楼梯从三楼通到主厨房。它与这房子的其他部分隔绝,以让顶楼的住户能在上下来去时不经过较低楼层的房间。我向房子的女主人介绍我和我弟弟是怎样在这个隐秘的楼梯上玩一种游戏。这游戏是这样的:我们站在这楼梯的顶端,各拿一个用墨水涂着自己名字首字母的网球,我们把球抛下楼梯,有时竭尽所能地扔它们,谁的球跑得最远,谁就获胜。在很少的情况下,球会一路蹦蹦跳跳地滚进地下室。房子的女主人听

---

*朱迪是朱迪思的昵称。——译者

了十分开心。她说她会把这个游戏教给她的两个儿子。

这房子在我住的时候有个"蟑螂问题"。它们到晚上就入侵厨房,然后到早晨回地下室。最终只得用专业方法来消灭它们。这地下室又大又黑,而且潮湿,蛛网遍布,塞满了衣箱、旧家具,和成百件其他的东西。我想起有一天吃饭时,父亲突然问母亲:"我那婴儿床没什么事吧?"她解释说它在地下室。

外婆(Gran)——我这么称呼我外祖母——与我妈一样,信仰新教。她坚定地相信《圣经》是上帝所说的话。她和我舅舅都只受过中学教育。我从没看到他们俩有任何一人读过一本书。不过外婆喜爱电影,特别是朗·钱尼(Lon Chaney)*演的那些片子。欧文舅舅主要阅读的是塔尔萨那两家报纸的体育版。舅舅热爱棒球,并喜欢追大联盟比赛。当我是个小男孩的时候,他带我去看许多棒球赛,参赛的本地队称为"塔尔萨油人队"。我们总是坐在第三垒附近的看台上,舅舅会解释那些晦涩难懂的棒球规则。我当然为本地队加油,同时享用着一盒琥珀玉米花和一瓶苏打。

欧文舅舅是个安静的人,他很少说话。我母亲告诉我他曾是一名会计师。他真的能记住从1到99的乘法表!如果你给他两个数,每个都是两位数,他立即就能把它们的乘积告诉你!至于他的宗教观,我连最模糊的概念都没有。他安静地待在他的卧室里,偶尔玩玩一种纸牌接龙游戏,或听听收音机。他有两个主要的日常工作:每天他要确保这房子里所有的钟都在正常走动,必要时上个发条,还要保证前门和后门已经锁上。星期天他步行去一个销售外地报纸的地方,回来时就带着半打载有周日连环漫画的报纸。我会邀请朋友们过来,然后我们花一

---

* 朗·钱尼(1883—1930),美国电影演员。一般扮演形象怪诞甚至可怖的角色,擅用自制的道具改变自己的形象,被称为"千面人"。——译者

个小时在地板上阅读这些我们所称的"好玩的报纸"。

一天我听到欧文舅舅在他房间里啜泣。我去问他为什么哭，他朝我摆手，要我离开。我一直没弄明白他为什么哭泣。他有一个男性朋友在印第安纳州的特雷霍特，此前不久去世了。这可能是他啜泣的原因。

母亲曾经告诉我，欧文在年轻的时候喜欢用手倒立行走。他教了我三个用一圈细绳变的魔术。一个是巧妙地将一枚指环从这细绳圈上解脱下来。另一个是把一根细绳穿过衬衫的一个纽扣孔，并将其两端环绕在两个拇指上，然后把这根细绳解脱下来。第三个是把一根细绳缠绕在左手手指上，似乎没有希望解开，但是用一种方法，居然能把这根细绳从左手上抽下来。

我非常爱欧文和外婆。欧文曾告诉我，他喜爱的诗是查尔斯·沃尔夫（Charles Wolfe）*的《约翰·摩尔爵士的葬礼》(The Burial of Sir John Moore)。我想起他曾经背诵一首短诗，开头是："哦，伯尔，哦，伯尔，你干了什么？你杀死了尊贵的汉密尔顿。"**我后悔我从未问过外婆或舅舅他们在列克星敦的日常生活。

琼·克拉弗（Jean Craver）是我在李学校的一位同班同学，她的家仅与2187号隔几幢房子。她是我第一个女朋友。我们会从学校一起走回家，而我帮她拿着书。琼经常到我们院子来，同其他邻居孩子一起，玩各种捉迷藏的游戏，尤其是一个被我们叫作"踢罐头"的游戏。

琼的父亲是一类奇特的人中的最后一个。这类人操作石油界人士

---

* 查尔斯·沃尔夫（1791—1823），爱尔兰诗人。他的"约翰·摩尔爵士的葬礼"是一首著名的英语挽歌。其中约翰·摩尔是伊比利亚半岛战争中科伦纳战役的英军司令，他在此战役中阵亡，部下为他进行了简单的葬礼。——译者

** 这首无名氏写的短诗，说的是美国开国元勋、首任财政部部长亚历山大·汉密尔顿（Alexander Hamilton, 1755—1804）与曾任美国副总统的阿伦·伯尔（Aaron Burr, 1756—1836）因发生争执而决斗的事。决斗中汉密尔顿中弹身亡。——译者

所称的"占卜器"。这些东西是他们发明出来用以指示在一块土地下是否有石油的设备。有些占卜器操作者竟然真的相信这种奇妙的装置，但大多数是彻头彻尾的骗子。他们会拜访轻信的农夫，然后只要收取适当的费用，就可以告诉农夫，他们的地产或房产下是否有着石油。克拉弗先生是一个真正的相信者还是一个诈骗者，我一点都不知道。不管怎么说，他把他占卜器上的金属导线插入泥土，然后读取设备上显示的数字，就可赚得一份让全家人都过上舒适生活的收入。

几十年之后，我有一次去塔尔萨作短暂逗留，去看望了琼。她丈夫已在一次汽车事故中身亡。我们回忆了我们的童年时代。我问她是否记得我曾送给她一件精心制作的情人节礼物。她说她记得非常清楚。我背出了她的旧电话号码。令我惊奇的是，她也背出了我的。后来我又去了一次塔尔萨，琼邀请我到她家与她的第二任丈夫会面。这家伙长得帅气，而且待人热情诚恳，我对他印象不错。我为他们俩高兴。关于我们过去的相遇相聚，她说了非常美妙的话，我永志不忘。她说："我这一辈子，你都在哪儿啊？"

我对琼有着美好的回忆，尽管我们从来没接过吻，甚至连手也没牵过。

第三章

塔尔萨中心高级中学（Ⅰ）

中学就像坐了四年牢，我恨它。我坚定地相信，除了上数学课和物理课，我在中学的岁月是全部浪费了。我特别厌恶历史。它似乎只关注白痴般的国王和王后，以及毫无意义的宗教战争，就像《格列佛游记》(*Gulliver's Travels*)中那场为怎样打破鸡蛋算正确而开打的战争* 一样。对我来说，真正重要的历史，是科学史。人类生活的所有巨大变化中，大多数是科学和技术稳步发展的结果。

牛顿(Newton)对改变世界所做的事，比任何国王、王后或伟大的军事统帅都要多。爱因斯坦(Einstein)，他单独静坐思考，就比任何政治家都更多地使世界发生变化。还记得 $E = mc^2$ 吗？它解释了当一颗原子弹爆炸时会发生什么。如果亚里士多德(Aristotle)活在今天，他会毫无困难地理解我们的艺术、诗歌、文学，甚至我们的宗教和哲学。但是他会为摩天大厦、汽车、飞机，尤其是袖珍计算器和电视所惊倒。

我记得中学有一门英国文学课，我们必须学习莎士比亚(Shake-

---

* 出生于爱尔兰的英国作家乔纳森·斯威夫特(Jonathan Swift, 1667—1745)的名著《格列佛游记》第一卷"利立普特(小人国)游记"中，利立普特国王的祖父小时候吃鸡蛋从大的一端打破，可一次碰巧把手指弄破了。当时的国王，即这祖父的父亲，就颁布法令，今后全体臣民吃鸡蛋应从较小的一端打破，违者重罚。结果引起国内动乱，还惹怒了布莱夫斯库国，终于酿成两国间的一场战争。——译者

speare)的一些戏剧。阅读这位17世纪吟游诗人的东西,让我好几年对莎士比亚敬而远之。直到我在得克萨斯州的一个冷清的小镇,随手拿起一本平装本的《仲夏夜之梦》(Midsummer Night's Dream)来读,这才十分高兴地发现,莎士比亚是一位伟大的诗人。

一天,一位英语老师上课时要求每一个人说出上一学期他们最喜欢哪一本书。她期望我们说出诸如《艾凡赫》(Ivanhoe)*或《名利场》(Vanity Fair)之类的小说,它们曾被指定阅读。但当轮到我时,我说,是《福尔摩斯探案全集》(The Adventures of Sherlock Holmes)。课堂上除了这位老师表情痛苦外,每个人都窃笑不已。

自从福尔摩斯同华生(Watson)初次见面时用"你是从阿富汗回来的,我知道"这个不朽的句子作寒暄以来**,我就是一名热情的歇洛克迷。像柯南·道尔(Conan Doyle)这样优秀的作家怎么会写出整整一本关于精灵确实存在的书来***,是我永远不能理解的事,尽管我就此写过一篇文章《柯南·道尔不相干》(The Irrelevance of Conan Doyle)****。我最近被《怀疑论调查者》(Skeptical Inquirer)杂志上的一封来信逗乐了。

---

* 英国作家沃尔特·司各特(Walter Scott,1771—1832)的长篇历史小说,又译《撒克逊劫后英雄略》。小说反映了12世纪英国的民族矛盾、民族风尚和各阶层的生活,描写了撒克逊农民反对诺曼封建主的斗争。——译者

** 在福尔摩斯探案系列小说《血字的研究》(A Study in Scarlet)中,华生作为英军的军医助理,上了第二次英阿战争的战场,后重伤重病初愈,来伦敦休养。为合租住所,结识福尔摩斯。两人初次见面,福尔摩斯以过人的观察力,一眼就看出华生上过阿富汗战场,故有此语。——译者

*** 柯南·道尔是个唯灵论者,尤其在他晚年。他写过多本关于唯灵论的书,这里可能指他1921年出版的《精灵降临》(The Coming of the Fairies)。——译者

**** 在这篇文章中,本书作者颇带些偏激情绪地认为,柯南·道尔似乎不可能塑造出像福尔摩斯这样理性的、有科学头脑的人物来,因此说福尔摩斯与柯南·道尔不相干。——译者

这位写信者在信中指出，道尔对精灵的事并没有采取完全轻信的态度。他写到，尽管道尔完全相信有人类精灵存在，但他不那么肯定有精灵马和精灵狗！

有一门几何课是由保利娜·贝克(Pauline Baker)小姐教的，她教得很有技巧。我在《科学美国人》上的专栏文章的第一本结集*，其献词就是"怀念贝克，我在无尽的迷宫中的第一位向导"。在我离开中学之前，令我们所有人大吃一惊的是，贝克小姐嫁给了学校篮球队的教练！

唉！贝克小姐有她的盲点。我曾经在其他地方说过，有一天上课时，我正在试图确定"连城"游戏**中哪一方稳操胜券。是先走方还是后走方，抑或平局，如果双方都采取了他们的最佳走法的话？（答案：是平局。）贝克小姐一把夺走那张我正在上面涂写的纸，严厉地说："你在我的课上，我希望你做数学题，不要做其他事情！"

我在中学时写了大量平庸的诗，大多数发表在每周一期的校报上，后来又编进一本名为《诗：1929—1931》(Poems:1929—1931)的小册子中，那是由学校出版的。我可能是保存着这样一本小册子的唯一活着的人。其中有我的十四行诗《天数》(Destiny)。这首诗是这样的：

> 一片叶子，在微风中摇荡，然后悠悠晃晃，
> 无声无息，落在下面白雪皑皑的斜坡上，
> 永不复还。然而，观看这场表演的隐士们，
> 有谁能跟我们讲一讲：

---

* 这本书就是《变脸六边形折纸与其他数学消遣》(Hexaflexagons and Other Mathematical Diversions)。有中译本，《〈科学美国人〉趣味数学集锦之一——悖论、谬误、多联骨牌及其他》，封宗信译，上海科技教育出版社2009年初版。——译者

** 即二人在一"井"字形的九个格子内轮流填"✕"和"〇"，以先将自己所填连成一线者为胜的游戏。这是应用数学分支对策论（又称博弈论）中的基本例子。——译者

谁是这里的主角？是命运和机遇强使

它落下？是很久以前的什么情况

预定了这未来的行为，确凿无妄，

而且画好了盘旋飘向雪地的路线图像？

生活也是这样；人间诸事中的大潮猛涨，

只不过是一连串无穷无尽的沉重力量，

经年酝酿，集中爆发，无可阻挡。

把舞剑弄笔的成果，帝国的兴旺，

归结于某些人的丰功伟绩，大肆宣扬，

真是既枉然又无聊，就像翻过一页纸张。

数年之后，部分是因为读了詹姆斯著作的缘故，我变得相信，我们可以做出自由意志的决定，这样的决定能以不可预知的方式，甚至通过一个上帝，来改变历史。况且，量子力学已经消灭了严格决定论的观念。设想有一架飞机，带着一枚核弹横跨欧洲飞行，核弹何时扔下，由一台盖革计数器发出的一声嘀嗒决定。根据量子理论，以这种嘀嗒声来定时，能以原则上不可预知的——例如到底是城市 A 还是城市 B 遭到毁灭——方式来改变历史。这个简单的思想实验证明了，与我的那首十四行诗相反，历史决定论被量子力学的定律粉碎了。

有一本更为少见的出版物，《散文和诗歌形式的论说短文》(*Essays in Prose and Verse*)，1932 年 5 月由这所中学出版。其中收入了我的七首诗。我将在这儿引述一首叫作《暂停》(The Pause) 的抒情短诗，因为它提出了一个深刻的问题。关于这个问题，我其实曾经写了一篇文章登在《科学美国人》杂志上*。假设这样一件事是可能发生的：时间完全停

---

* 这篇文章应该是《时光能倒流吗？》(Can Time Go Backward?)。刊于《科学美国人》216 卷 (1967 年) 第 1 期第 98—108 页。——译者

住了,然后经过一段或长或短的暂停,又开始走了。这个假设是不是有意义?

> 曾经有个时候(谁知道是什么时候),
> 时间躺下睡着,停歇不走,
> 这样有一千个年头。
> 没人梦想到,当演讲者正暂停一下
> 准备强调一个重点的时候,
> 大块时间来过却又溜走。

同一出版物中的另一首诗反映了我当时的坚定信念,即我们在宇宙中不是孤立的。这里邓萨尼勋爵(Lord Dunsany)*的影响十分明显,那时我正在倾心阅读着他的书。

一个埃思拉尔德里亚人**在凝望地球

> 曾有一颗行星小小样样,
> 在广袤的银河系中深藏。
> 那上面一个生灵,走出他的住房,
> 他踏进茫茫黑夜,凝望着星星们闪光。
> 月亮们柔和的紫色光芒,
> 无力地把他羽毛照亮。

---

* 邓萨尼勋爵(真名 Edward John Moreton Drax Plunkett, 18th Baron of Dunsany, 1878—1957),出生于英国的爱尔兰作家。被认为是20世纪10年代英语世界中在世的最伟大作家。作品大多为幻想小说,最著名的作品有《精灵王之女》(*The King of Elfland's Daughter*)。——译者

** 埃思拉尔德里亚(Ethraldria)可能是邓萨尼勋爵小说中虚构的一颗住有外星人的行星。下面的星座名、星球名、神名等,也可能是其小说中的虚构名称。——译者

他的眼睛辨出一个单独的天体，

在那奥思(Oth)星座，遥远的地方；

那是夜空中的一个点，闪着微光。

他不禁遐想，那儿是否也是一个世界，

就像他自己的这个，自转着在太空中游荡。

它承载着生命和文明，

盈亏圆缺，如同埃斯拉尔德里亚的塞莫(Themor)，

那个最大最亮的月亮的月相。

他不禁遐想，它的居民们

是崇拜圣父阿米尔(Amir the father)，

还是把胡穆之神扎达(Zada the god of the Humu's)奉为上苍。

他继续凝望，而那颗行星

也不住地闪闪烁烁，时暗时亮，

在无垠的太空背景之上。

空气十分新鲜——他向上伸出臂膀，

惊讶于宇宙的壮丽辉煌。

然后转身，重新进入他的住房。

我的这首诗中有一个巨大的漏洞。除非这生灵有着功能强大到不可思议的望远镜式的眼睛，否则他绝不可能看到地球，尽管他能够看到我们的太阳，那也只是一颗暗淡的恒星。

许多年以后，受邓萨尼勋爵的微小说《流亡者俱乐部》(The Exiles Club)[收录在他的《最后一本奇迹之书》(Last Book of Wonder)中]的影响，我写了一首关于被遗忘的希腊诸神的十四行诗。我把这首诗的一个版本偷偷放进我的《来自奥芝国的访客们》，在其中背诵这首诗的，不是别人，就是阿波罗(Apollo)！

被遗忘的诸神！唉,这词太过中肯,

把我们逃亡的可怕原因,表达得如此传神。

从来没有哪一位天使主人,

从我们坠落的高度,坠落底层。伟大的诸神,

曾经掌控国王和帝国的统治全程,

现在只不过是,文人们的剧本。

供奉着祭祀之血的祭坛,曾古月光照,明暖怡人,

如今却破败不堪,灰暗阴冷。

然而在离奥林匹斯大雪山好长一段路程,

奥芝国中的我们希腊诸神,仍然活得精神。

懒懒散散、昏昏欲睡的朱庇特,寂静无声。

他那乱发蓬松的脑袋,仍然一顿一顿。我们的休整,

平静而深沉,没有被失去人们信仰的寒心搅浑。

因为,谁能杀死诸神？

每个学年接近终点,所有学科都要考试,以决定谁能成为十分荣耀的T俱乐部的成员。我在一次数学考试中得了最高分,从而成为其中一员。当我向T俱乐部新成员会议报到时,一位老师跟我说,我被选为"花生装袋委员会"主席。就是叫一群学生把花生装袋,准备在第二天的篮球比赛上出售。在我的监管下,大家装了几百袋花生。然后我对那位老师说,我申请退出T俱乐部。她很吃惊,不能想象这是为什么！

我的物理课也是一件快乐的事。讲课的是一位赫斯特先生。我后来把《科学谜题》(*Science Puzzlers*)一书献给"赫斯特,一位物理教师,他教了比物理学多得多的内容"。这"多得多的内容"就是关于《圣经》的种种令人怀疑之处。当然,这些都是在课堂之外进行的。我们成了朋友。当伟大的罗伯特·密立根(Robert Millikan)预定要在俄克拉何马大

学作演讲时(这大学就在离我们不远的诺曼),我和赫斯特骑车一起去诺曼听这个演讲。当然,我那时绝没有料到我会在诺曼过完我最后的日子。

我想起在赫斯特家的一次聚会上,我遇到他的一位朋友,这位朋友是塔尔萨的第一唯一神教会的积极分子。他跟我说《圣经》上最重要的话是彼拉特(Pilate)对耶稣提的问题:"真理是什么?"我被彻底逗乐了。这可以是一本关于实用主义哲学历史的著作名称。我后来读了詹姆斯的著作《真理的意义》(The Meaning of Truth),我觉得这本书是我读过的最优秀的哲学著作之一。詹姆斯竭力想要澄清关于真理的实用主义哲学理论,但是他从来没能把它说清楚。

我是在我中学的第一年读了托马斯·潘恩(Thomas Paine)*的经典《理性时代》(Age of Reason)。尽管像如此多的开国元勋一样,潘恩是一位自然神论**信仰者,既相信上帝又相信有来世,但他对《圣经》即上帝之言的攻击,促使我成了一名头脑简单的无神论者。当然我从未对我父母说过这一点,他们是在波士顿大道卫理公会教堂做礼拜的教徒。但是我回想起在中学的校会上,当某个人带领全体做祈祷时,我却骄傲地一直昂着头,睁着眼。在我中学的最后一年,在一位爱尔兰的营地辅导员兼第一长老会主日学校教师的影响下,我成为某种原始形式的新教原教旨主义的一名皈依者。我将在后面的某一章中说到这件事。

---

* 托马斯·潘恩(1737—1809),出生于英国的美国思想家、政治活动家,曾参加美国独立战争,后又参加法国大革命,著作有《常识》(Common Sense)等。——译者

** 自然神论,亦译"理神论"。一种认为上帝创造世界和自然规律后不再干预世事,听凭自然规律支配一切的哲学观点。由英国宗教哲学家爱德华·赫伯特(Edward Herbert,1583—1648)首先阐述。——译者

第四章

塔尔萨中心高级中学（Ⅱ）

我在中学时代，有两个兴趣爱好，象棋*和魔术。那时在塔尔萨闹市区的科尔大楼里有一个房间。每天，包括星期天，象棋棋手们都会在那儿聚集。科尔（Cole）先生，这幢大楼的主人，是一位顶级象棋高手，可能是大师级水平的。每个星期六，我会乘公共汽车去科尔大楼，在那里我总会找到人愿意跟我进行一场友谊赛。当然，我从没有同科尔，或其他任何"重量级人物"（科尔这么称呼他们）下过棋。这些"重量级人物"中包括一位名叫内夫（Neff）的律师和一位名叫希金博特姆（Higgenbotham）的推销商。后来又有一位少年，叫布赖特·罗迪（Bright Roddy），他是一位美丽的印度人母亲和一位白人父亲的儿子。布赖特后来成了俄克拉何马州的象棋冠军。

我与布赖特下棋一次也没赢过。一天他教我一种他发明的游戏，叫作摔跤棋。一开始把双方的王分别放在棋盘对角线两端的角顶格子里。游戏者轮流用一根手指捅自己的王，直到两个王在棋盘中心附近相互对峙。这时你要设法撞倒你对手的王，也就是使它倒伏，你的王在上面，把对手的王压在"地板"上。什么时候你的王躺倒了，你可以用一根手指作用在它基部使它竖直正立。

---

*本书中所说的象棋，都是指国际象棋。——译者

我从我在科尔大楼的下棋活动中得到了极大的享受。我记得有一位牧师,他一旦处于困境就会嘟哝:"我必须做什么才能得救啊?"一位中学音乐老师得了个一局都不会输的名声,因为当他就要输的时候,他会一步想好久好久,最后看一下自己的手表,说他非常遗憾,不得不离开"最令人感兴趣的"一局棋了。另一位棋手,是与我同一年级教室*的一位女生的父亲。他总采用一种匪夷所思的开局。他会先挺他的两个车前兵,然后出车,再横走,去向棋盘的中心!他时常打败相当不错的棋手,因为他知道他这种疯狂开局中的所有陷阱,而他的对手不知道。

出生于波兰的萨米·雷谢夫斯基(Sammy Reshevsky)**作为伟大的象棋特级大师之一[他与鲍比·菲舍尔(Bobby Fischer)***打过一次平手****],曾来塔尔萨同时与多名对手下棋。对手非常之多,因为只要愿意付点小钱,就可以成为他的对手。萨米赢了每一局棋,包括同我下的一局。几年之后,当我是芝加哥大学的一名本科生时,我非常荣幸地同萨米又下了一局棋。当时他被这所大学的商学院录取,正在攻读一个会计学的学位。令我们所有喜欢在雷诺兹俱乐部*****二楼(那儿有棋

---

* 年级教室(homeroom)是美国中学每天教学活动开始前让老师发布通知和点名的大教室。一个年级教室一般可以坐几个班级的学生。——译者

** 萨米·雷谢夫斯基(Samuel Herman Reshevsky,1911—1992),出生于波兰的美国象棋棋手,曾8次夺得美国全国冠军。——译者

*** 鲍比·菲舍尔(正式名Robert James"Bobby"Fischer,1943—2008),美国象棋棋手。8次夺得美国全国冠军,1972年获世界冠军,同时打破了苏联棋手对世界冠军的24年垄断。——译者

**** 原文是he once drew a match with Bobby Fischer。据有关资料,雷谢夫斯基与菲舍尔多次交手,互有输赢,且平局多次。这里可能指他们俩都得了8次全国冠军,打了个平手。要不就是1961年两人进行过一场11局的比赛,引人瞩目,结果双方2胜2负7平,也是一个平手。——译者

***** 雷诺兹俱乐部(Reynolds Club)是芝加哥大学学生中心的一部分。——译者

盘桌)碰头的人感到沮丧的是,萨米在课余总是到这幢大楼的地下室打乒乓球。

我们想出了一个计划,使萨米到二楼来。我们知道他经济拮据,于是我们就筹了一小笔钱,作为一次循环赛的冠军奖金。我们把关于这次比赛的细节贴在地下室的公告板上,包括这笔奖金的数额。它起作用了。萨米报名参加了比赛,而我们每个人都有了一次同他交手的机会。当然他每一局都赢了。我注意到当同我这样业余水平的人对弈时,萨米并不努力追求速胜。相反,他把他开头的十几步棋用在布局上,随后,他的"压路机"就开过来了。

萨米这次现身塔尔萨,是他第二次来这个城市。好多年之前,作为一名10岁的神童,他在这里同时与许多对手下棋。一家报纸对这件事的报道被用头针钉在棋室的墙上,上面说一位棋手的妻子问萨米,她能不能给他一个吻。"不能,"萨米回答道,"不过你可以吻我的经理人。"

是伯特兰·罗素(Bertrand Russell)的一句话说服我停止了下棋。他在什么地方说过,象棋已成为一种如此令人上瘾的时间浪费工具,他发誓停止下棋,直到他教他的一个孩子玩这游戏。我发了一个类似的誓。我不再玩这游戏,直到我教我的大儿子吉米(Jimmy)下棋,以及此后教我的二儿子汤姆(Tom)下棋。自那以来,我只同格温·罗伯茨(Gwen Roberts)下过棋。他是加利福尼亚州的一位中学数学教师,偶尔到我在温莎花园的房间来(温莎花园是诺曼的一家赡养院),而我的儿子吉米是附近俄克拉何马大学教育心理学系的一名特殊教育教授。我们下棋通常是格温赢。

我的苹果电脑里有一个很好的象棋程序。我试图打败它。在浪费了好几个小时后,我决定只要赢它一次我就不玩了。这件事终于发生了。我得补充一下,我是用一个巧妙的三步杀赢下的,那电脑——(我承认)它是以它的最低水平在下棋——没能预见到这一招。自那以来我没有下过棋。在对付苹果电脑时,我的困难之一是它会给我跳出一些陌生的开局,而对于这些开局,书上说的下法我一无所知。

我在中学的另一个兴趣爱好是魔术。我父亲教过我少数几个小戏法,主要的一个涉及粘在一把餐刀两侧的一些小纸片,并用了魔术师们所称的"桨叶运动"。父亲的另一个让我看傻了的小戏法是把一根木质火柴从一块手帕底下变没了。我在一本杂志上看到一个关于塔贝尔魔术教程的广告,就说服父母订了这个教程。我仍然记得我翘首期盼每星期的课程时那种迫切的心情。

后来,我到芝加哥生活,知道了这位塔贝尔(Tarbell)"博士"的底细。他这个"博士"代表推拿疗法*中的等级,而推拿疗法是一种与脊椎按摩疗法**差不多(只能比之更糟)的一种古怪的医疗实践,由芝加哥的脊椎按摩师奥克利·史密斯(Oakley Smith)于20世纪初创立。它如今在美国和欧洲部分地区,尤其是瑞典,仍有一批信奉者。塔贝尔在年轻时写了一本关于面相学的书,并自配插图。面相学是一种伪科学,它是说怎样从一个人的鼻子、嘴巴、下巴、眉毛等的形状来读出他的性格特征。

我在塔尔萨有两位好朋友,他们是业余的魔术玩家。年纪大一点的叫洛甘·韦特(Logan Waite),通常在当地的公众活动中表演魔术。他拥有一家小型的制造公司。为他工作的是一位年轻的杂耍玩家和魔术迷,叫罗杰·蒙唐东(Roger Montandon)。罗杰经营着一家小型的邮购商

---

* 这个推拿疗法(naprapathy)与中医的推拿不同。虽然它也是对关节、肌肉和韧带进行体外操作(并配以食疗),但它的理念是:许多疾病均由结缔组织移位引起,这样操作可治疗许多疾病。——译者

** 脊椎按摩疗法(chiropractic)与上述的推拿疗法差不多,只是它对脊椎进行体外操作,并认为许多疾病由脊椎骨的半脱位(subluxation)引起,而且不同脊椎骨组合的半脱位决定着不同的疾病。——译者

店，销售杂耍和魔术的道具。他创建了全国第一个杂耍社团和第一本完全关于杂耍业界的期刊《杂耍人公报》(*Juggler's Bulletin*)。这个社团现在叫"国际杂耍人联合会"(International Jugglers' Association)，出版着《杂耍人》(*Juggler*)，一本漂亮的季刊。罗杰还销售"找出那个女人"(Cherchez la femme)，这是我设计的一种纸板智力玩具。它由硬纸板做成，要你找出折叠这东西的一种方式，使得它把画着的一个裸体女人显现暴露出来。数学家们把这种奇特的构造称作"变脸四边形"(tetraflexagon)。

罗杰销售的最为异想天开的商品叫作"嗅鼻子"。它由一个小玻璃瓶构成。小玻璃瓶开口，口沿上系着一个微小的钩子。瓶里有一小段绳子。设计想法是要把这绳子点燃，然后悄悄地把瓶子钩在一个倒霉鬼的后背上。他会满屋子乱转，闻着烟味，却怎么也不能确定这烟是从哪儿来的！

塔尔萨中心高级中学每年都要搞一场歌舞杂耍演出大会，叫作"炫动中学"。罗杰在一场演出大会上表演了杂耍节目。我和朋友约翰·贝尔(John Bell)也登台表演了一个节目。许多年之后，约翰的儿子杰弗里(Jeffrey)成了一名积极的保守派共和党人，他做过里根(Reagan)、尼克松(Nixon)和杰克·肯普(Jack Kemp)*的助理。1978年，他竞选新泽西州的美国参议院议员，没有成功。

我和贝尔表演的节目是我们俩装扮成一个侏儒站在一张桌子上。约翰的手臂套在裤子和鞋子里，看上去像侏儒的腿和脚。我站在贝尔身后，手臂套在外套的袖子里，作为侏儒的臂和手。我挥舞手臂，而同时贝尔用他的"腿"跳舞。10年之后，我的妹妹朱迪思和一位朋友为一次"炫动"大会表演了一个类似的节目。

---

* 杰克·肯普(1935—2009)，美国政治家、职业橄榄球运动员。共和党人。曾任美国房屋和城市发展部部长。九届美国众议院议员。在美国颇有知名度。——译者

我中学时代最好的朋友,而且后来继续是好朋友的,是约翰·肖(John Shaw)。肖不在中心高级中学上学。作为一名虔诚的天主教徒,他上的是一所天主教学校,但是不知怎么我们就相遇了。肖是个胖子,而我是个瘦子。他喜欢举起一个拳头(代表他),又在旁边竖起一根手指(代表我),以此来描绘我们在一起的样子。

肖有一种很强的幽默感,这使得他能滔滔不绝地说出一连串好笑的话来。他还乐于搞一些不伤害人的恶作剧。一天,我正坐在一辆他驾驶的汽车上,他在一处路边停下,从一个正在叫卖报纸的小男孩手里买了一份当地的报纸。肖把报纸一撕两半,把半份报纸递还给那满脸困惑的少年。"这报纸是给我奶奶的,"肖解释道,"她左眼瞎了。"

肖发明了一种游戏,我们喜欢在没有更值得的事情可做时玩这个游戏。我们坐家里的汽车(那个时候没有一个中学生能拥有自己的汽车)出去,我们中的一个开车,另一个则低下头,闭上眼睛。司机取一条迂回曲折的路线把汽车开到一个地点,在那儿泊车。然后乘客就睁开眼睛,努力猜出我们是在哪儿。

肖成年后,成了塔尔萨首屈一指的书店的店主,也是一位十分投入的珍本图书收藏家。我写了一篇关于他的文章,题目叫《塔尔萨的传奇书商》(Tulsa's Fabulous Book Man),刊登在一本叫作《塔尔萨人》(Tulsan)的当地杂志上。(这本杂志后来发表了一篇关于韦特的类似文章。)当时肖的第一批主要收藏品是切斯特顿的著作,切斯特顿是我们俩都欣赏的英国作家。肖后来把他的切斯特顿收藏品(世界上规模最大的收藏品之一)赠给了圣母大学图书馆。如果你对于我,一个非天主教徒,为什么如此欣赏切斯特顿感到迷惑,那么我力劝你去查看我的书《吉尔伯特·切斯特顿的幻想小说》(The Fantastic Fiction of Gilbert Chesterton)。

处理了他的切斯特顿收藏品之后,肖把他的注意力转到了福尔摩斯身上，而且没过几年，就拥有了全美国规模最大的福尔摩斯收藏品。肖是"贝克街游击队"*的一名狂热成员。不论何时，只要有人问他福尔摩斯是真实存在的还是虚构想象的，肖总是回答："是真实存在的。"

在"游击队"的一次年会上，肖以一场关于福尔摩斯探案经典中色情描写的餐后演讲令全场绝倒。这是"游击队"唯一不能在其杂志上发表的会议演讲。然而，这篇演讲还是在一本叫作《歇洛克之影》(Shades of Sherlock)的福尔摩斯爱好者小杂志上印出来了(第18卷，1971年8月)。

肖是这样开始他的讲话的。他说他最近决定从塔尔萨搬到圣菲去。为了削减他的藏书规模，他决定重读一本福尔摩斯短篇小说集，以决定他是否应该保存这套经典中的所有图书。他说，他十分震惊地发现，这本书充满了色情元素！他继续说道，这永远也不适合我的女儿拿来阅读。肖接着便开始举出色情的例子。在一个福尔摩斯故事中，一名角色说，"昨晚我竟然没用避孕套"(这意思当然应该是错过了桥牌中的一盘胜局)**。在另一个故事中，福尔摩斯随意地说到，他就在那个早晨使他的女房东哈德森(Hudson)太太"怀上了孕"***。肖引证有许多地方都提到了"射了精的"****男人，而他的听众笑得直不起腰。

---

* 在福尔摩斯探案系列小说《血字的研究》、《四签名》(The Sign of Four)、《驼背人》(The Adventure of the Crooked Man)中，福尔摩斯雇佣街头男孩为他收集情报，并称这些男孩为"贝克街游击队"(Baker Street Irregulars)。后来有些组织就以此为名称。这里是指1934年在美国成立的一个福尔摩斯爱好者文学社团。——译者

** 原文是 Last night I missed my rubber。其中 rubber 一词，在美国口语中确有"避孕套"之义。但 rubber 也有"桥牌中的一盘胜局"之义。在原小说中应该是后者。这里肖有意在偷换概念。下同。——译者

*** 原文是 knocked up，在美国俚语中有"使怀孕"之义，但在原小说中应该是"敲门(窗)唤醒"之义。——译者

**** 原文是 ejaculated，确有"射精"之义，但在原小说中应该是"喊叫""突然说话"之义。——译者

肖喜欢那样的恶作剧，它们说出来就很好笑，即使没人还会想到去将它们付诸实施。例如，你穿得像个农夫，还带着一大捆干草，上了曼哈顿的一辆拥挤不堪的公共汽车。你挤到公共汽车的后部，然后过了几站，你从后车门下车。一位朋友把你接上他的汽车，然后快速开到公共汽车的下一站，你在那儿再次上了这辆公共汽车，同样带着那捆干草。

肖的恶作剧有一个无与伦比的例子，绝对不会有人去做，它是这样的：你拿走抽水马桶水箱的盖子，坐在那开口上，减轻你肠子的负担。然后你把盖子盖上，打电话给水管修理工。"我的抽水马桶出问题了，"你对他说，"你快来一下吧。"肖还总有一大堆很牛的黄色笑话，这是他所喜欢称之为"干净的肮脏心灵"的产物。

有时连一个小恶作剧也会碰壁。魔术界的朋友保罗·柯里（Paul Curry）曾经告诉我，有一次一辆卡车把他的夹克溅得满是泥。他到洗衣店把这件泥夹克递给一名女店员时，她问他姓名。

"沃尔特·雷利爵士（Sir Walter Raleigh）*。"他回答。

既没有引起一阵大笑，也没有带来一丝微笑。"我需要你的真实姓名。"她说。

我也有过有点儿类似的经历。我把我的用餐账单捻成一个纸卷插在我的右耳朵里。"我好像把我的账单弄丢了。"我对收银员说。

"不好笑。"她说。

肖偶尔会发明一个词。他发明的最好的一个词是"obviosity"**。

---

* 沃尔特·雷利（约 1554—1618），英国探险家。集军人、政治家、学者的身份于一身。曾经因为海洋贸易和对外政策上的见解，得宠于伊丽莎白一世（Elizabeth Ⅰ, 1533—1603），1585年受封爵士。多次参与、组织对北美、南美的探险和远征。在詹姆士一世（James Ⅰ, 1566—1625）即位后，于1603年被控阴谋推翻国王，被判死刑，1618年执行。——译者

** 此词系obvious（显然）的名词化，义"显然的事物（话语、推断等）"，已被收入词典。——译者

有人曾告诉我,她在一本词典上看到过这个词,那里还引用了我写的什么东西上的一句话为例句。我怎么也想不起来那本词典的名字和年代了,或许是在想象中有人告诉我这件事。

在中学时代,我是塔尔萨棒球队——那时叫"油人队"——的一名热心的球迷。欧文舅舅也是一名球迷,他带我去看比赛,给我解释所有鲜为人知的棒球规则。我仍然能回想起许多球员,并在心头浮出他们的模样。有一个盖伊·斯特迪(Guy Sturdy)守一垒,弗利平(Flippin)打游击手,兰姆(Lamb)在中外野。有一个叫布莱克(Black)的投手,他把球投出去时总是大声嘟哝。

我的弟弟吉姆,是一名甚至比我还热忱的棒球迷。我们都喜欢反复阅读《凯西在击球》(Casey at the Bat)*。我的《注释版凯西在击球》(*The Annotated Casey at the Bat*)一书,是塞耶这首不朽的叙事诗歌的续作和滑稽仿作的一个结集。我把它献给我的弟弟吉姆。我经常声明我的信念,即塞耶关于"强者凯西"的叙事诗歌,在人人都把威廉·卡洛斯·威廉斯(William Carlos Williams)**遗忘了之后很久,仍将被人们阅读和记住。你会在我的那本凯西书中找到我本人写的一篇滑稽仿作,其中写道,有一次,凯西的儿子在从三垒跑向本垒的途中,裤子掉了。

棒球和网球是我喜欢在电视上观看的仅有的体育项目。我不是橄

---

*《凯西在击球》是美国作家欧内斯特·塞耶(Ernest Thayer, 1863—1940)于1888年发表的一首叙事诗歌。这首诗歌描述明星击球手凯西在关键时刻击球出界而导致本队败局,令球迷们大为失望的故事。它在烘托赛场气氛、反映球迷迫切心情、描绘凯西从容自信的大将风度上十分精彩,被誉为"棒球运动的颂歌和主题曲"。——译者

** 威廉·卡洛斯·威廉斯(1883—1963),美国诗人,本职是医生,业余写作。1952年被聘为美国国会图书馆诗歌顾问。擅长以明晰细致的隐喻把平凡的题材写得有声有色,并形成自己独特的客观主义自由诗体。主要作品有长诗《帕特森》(*Paterson*)。——译者

榄球迷。我不喜欢所有强调暴力的体育运动。我很难想象竟有人能从一场拳击比赛中获得乐趣,这种比赛的目标是让一人把另一人打得失去意识。摔跤有着更多的暴力,即使只是被模仿*——一种"暴力的芭蕾",我听明尼苏达州的摔跤手州长杰西·文图拉(Jesse Ventura)有一次这么称呼它。我发觉要理解西班牙斗牛的受人欢迎同样很困难,它总是以那头可怜的公牛被处死为结束。

网球是当我还是孩子的时候唯一经常进行的体育运动,因为我们院子里有那个网球场。在中学我是单跳(tumbling)和体操队队员,而且在一场篮球比赛的中场休息时在单杠上实际表演过!我父亲应我的要求在一个侧院里立了一副金属的高单杠,我几乎每天去练习。那时我不知道有体操运动员戴的专用手套,结果我的手上很快就布满了老茧。

在我的一次而且是唯一的一次公开表演中,我的高潮是在单杠上挂膝回环许多次。我还在双杠上做了一些手倒立和滚翻。我一直没能掌握后手翻和后空翻,但是直到中年,我还可以在草地上做前手翻。如今我看年轻的姑娘们在杠上表演,就像在看奇迹。

在整个中学期间,我忍受着视觉先兆性偏头痛的偶尔发作。这种病在头痛发生之前,先是在视觉上出现一个盲点,再变成闪烁的锯齿形线条,又慢慢地移动到视野的边缘。卡罗尔是一名偏头痛患者,他把那些线条描述为"移动的战壕"。

为这些视觉症状所困惑,又怕我的眼睛出了什么问题,我的家人把我送到一名看眼鼻喉科的人那儿,这里不便提及他的姓名。他显然是个庸医。他对视觉先兆性偏头痛一无所知,还提出我的头痛可能同便秘有联系。他建议我经常喝小剂量的氧化镁乳剂!这名医生还在一根

---

* 这是指"职业摔跤",一种以表演方式进行的摔跤比赛,其内容和结果都经事先设计。在美国很流行。——译者

金属丝的端头裹上浸透红药水的棉花,来捅我的鼻子,以治疗我的鼻窦炎。直到我作为一名成年人在海军服役时,我才发现我偏头痛的性质。我将在第十二章讲述。

回到魔术。虽然我发明了许多戏法,大多数是用纸牌的,而且写了给行内人看的魔术书,但是我从来不是一名魔术表演者。我认为自己在这方面很幸运。如果我把变戏法当作一种职业(上帝不允许),我可能绝不会成为一名作家。

我唯一的一次因变魔术而得到报酬是在我读大学的时候,那年我在圣诞节期间到马歇尔·菲尔德*百货公司的玩具部打工,我用艾尔弗雷德·吉尔伯特(Alfred Gilbert)**的魔术套件中的道具表演戏法。我会召集起一群人,然后用最大号套件中的道具表演魔术。就是在那个时候我认识到,直到你把一个戏法在现场观众前表演了100次,你才能把这个戏法表演得到家。

我喜欢的即兴戏法之一——如果一个戏法使用通常的物件,而且能够在任何时候表演,我们就称它为即兴——是你佯装把一把餐刀吞下去。我曾经在一部新闻影片中看到道格拉斯·范朋克(Douglas Fairbanks)***在一次宴会上玩这个戏法。他玩得真棒。

---

* 马歇尔·菲尔德(Marshall Field,1834—1906),美国商业家。创立马歇尔·菲尔德百货公司,如今已有700多家门店,遍布美国。首先提出"顾客就是上帝"这一影响深远的营销理念,被服务业接受为一种准则。——译者

** 艾尔弗雷德·吉尔伯特(Alfred Carlton Gilbert,1884—1961),美国发明家、魔术师。多才多艺。1908年奥运会撑竿跳高冠军,另外在引体向上、跳远、潜水、橄榄球等运动上也有傲人战绩。先是在1909年创立迈斯托(Mysto)制造公司,生产魔术道具;1916年改名为A.C.吉尔伯特公司,生产魔术套件和玩具套件。1941年成为世界最大的玩具生产商。1961年逝世时,拥有150项发明专利。——译者

*** 道格拉斯·范朋克(1883—1939),美国演员、制片人。美国电影艺术和科学学院的创始人之一。擅长饰演勇猛无畏的英雄角色。——译者

说到范朋克，我想起我小时候看的一部不怎么样的影片。它叫《绿色地狱》(Green Hell)，小道格拉斯·范朋克(Douglas Fairbanks, Jr.)*主演。我提它只是因为它有一个丛林场景，其中小范朋克在拧干一条毛巾。我注意到他拿住这破毛巾的方式与我拿的方式不同。我抓住这块织物时总是让我的左手手指和右手手指以**相同的**方向围绕着它。小道格拉斯拿住它时双手手指则以**相反的**方向卷曲。第二天我挤一块抹布时尝试了他的抓法，发觉他的方式远远好过我的。直到今天，无论什么时候我一挤毛巾，我就不可抑制地想到《绿色地狱》。这就像被要求别想那只大象一样**。我想这样微不足道的强迫症是常见的，但这是一种无害综合征的唯一病症。我无法摆脱。

　　我肯定是"吞"了100次餐刀了。魔术师们在这个戏法的结束方式上有所不同，我总是在最后把这把刀从我的左袖子里拿出来。观众们以为我用某种方法——他们不知道是什么方法——七弄八弄地把那把刀弄到一只袖子里去了。那已不再是秘密了，可是观众们却依然迷惑不解。

　　我的朋友迪亚科尼斯是哈佛大学杰出的统计学家，他曾经告诉我说，他弄到了一本早年的法语魔术书，其中描述这个吞刀戏法的玩法同如今一模一样。这本书的作者建议，你结束戏法时，先站起来，弯下腰，然后佯装把这把刀从你臀部的那个地方抽出来！他警告读者们，要确保你只对那些你知道不会生气的观众玩这个花招。

---

* 小道格拉斯·范朋克(1909—2000)，美国电影演员、制片人。范朋克的儿子。9岁随离婚的母亲生活，14岁崭露头角，后终于成名。主要作品有《曾达的囚徒》(The Prisoner of Zenda)、《古庙战笳声》(Gunga Din)、《科西嘉兄弟》(The Corsican Brothers)。——译者

** 美国认知语言学家乔治·莱考夫(George Lakoff, 1941—　)多次做过一个心理实验：他让学生在课堂上做什么都可以，就是别想大象，结果没有人不在想大象。这说明你越是否定一个想法，这个想法越是会得到加强。——译者

第五章

赫钦斯和阿德勒

赫钦斯和阿德勒*,
本来事业了不得。
圣托马斯**几本书,
就把他俩毙倒了。

——阿曼德·T. 林格***

---

* 罗伯特·梅纳德·赫钦斯(Robert Maynard Hutchins, 1899—1977), 美国教育家。1929年任芝加哥大学校长, 推行"芝加哥计划", 对该校进行改革。强调教育的最高目的在于培养人类的智慧和理性, 培养通才。学校课程应该主要由"永恒学科"(经典名著)组成。莫帝默·杰尔姆·阿德勒(Mortimer Jerome Adler, 1902—2001), 美国哲学家、教育家、作家、编辑。 主张通过学习西方名著进行成人教育和普通教育。1930年至芝加哥大学执教, 帮助赫钦斯开展名著教育计划。1952年与赫钦斯合作主编了54卷的《西方世界的伟大著作》(*Great Books of the Western World*)。——译者

** 圣托马斯·阿奎那(Saint Thomas Aquinas, 约 1225—1274), 意大利宗教哲学家、神学家。将亚里士多德哲学加以改造纳入基督教神学体系。他的哲学与神学体系被认为是经院哲学的最高成果, 也是中世纪哲学与神学的最大、最全面的体系。有著作《神学大全》(*Summa Theologiae*)等。——译者

*** 原文为 Armand T. Ringer, 即本书作者姓名 Martin Gardner 的同字母异序词, 是本书作者的一个笔名。——译者

芝加哥！亲爱的老卢皮。克里斯托弗·莫利（Christopher Morley）*在给这座"风之城"的一本小小的赞美之书中这样称呼它**。

在芝加哥生活了大约15年，我通过步行，并借助于有轨电车和高架轨道交通，已经十分了解这座城市了。这是我第一次进入一个超级大都市。若干年后，我在曼哈顿生活了差不多同样长的时间，对这个城市我从未有过对芝加哥那样的感觉。它有太多的地方像芝加哥，但是在友好性方面较为逊色。芝加哥四散铺展。纽约城则挤在一个小岛上，向上簇拥。餐厅里的桌子，吧台前的座位，在芝加哥相隔甚远，在纽约它们则紧紧挨着。

纽约人匆匆忙忙，芝加哥人则慢慢悠悠且更有礼貌，总说着"谢谢你""不客气"。你在曼哈顿心脏病发作，可能会在人行道躺上30分钟才有人来关注你或打911电话。甚至医生也不愿停下给予帮助，因为害怕惹上官司。

我爱芝加哥。虽然我从来不恨曼哈顿，但这感觉从来不一样。我根本没有要探索这座城市的冲动。我已经知道大城市是怎么回事。我读到过E. B. 怀特（E. B. White）***对纽约的赞美词："如果不善加呵护"，这座城市"就会如同死亡"。这句话是他作品的结束语****。我对自己

---

* 克里斯托弗·莫利（1890—1957），美国作家。其作品题材广泛，文笔轻松而又刚健。著名作品有《特洛伊木马》（The Trojan Horse）、《基蒂·福伊尔》（Kitty Foyle）等。——译者

** 这本书应该是《老卢皮：一封给芝加哥的情书》（Old Loopy: A Love Letter for Chicago），1935年初版。其中Loopy一词，似从芝加哥中心商业区——Loop（卢普区）这一名称而来，加后缀-y表示亲切。姑作音译。——译者

*** E. B. 怀特（1899—1985），美国散文家。但令他有名的是其儿童文学作品，如《夏洛的网》（Charlotte's Web）和《精灵鼠小弟》（Stuart Little）。——译者

**** 这部作品是《这就是纽约》（Here is New York），1949年初版。有中译本，贾辉丰译，上海译文出版社2009年初版。其中这句话译为："这座城市，……如果抬头望去，消失不见，人将心如死灰。"英文原文为："... this city, ... which not to look upon would be like death."请参考。——译者

说，怎么可能有人对**任何一个**大城市都**如此依恋**呢？

我住在芝加哥，是因为芝加哥大学在那儿。我本来打算去读加州理工学院，将来成为一名物理学家。但是加州理工学院那时要求学生先在一所文科学院里待上两年。我收集了几所我设想会接受我的大学的宣传资料，芝加哥大学的资料最让我感兴趣。潇洒帅气的赫钦斯作为耶鲁大学法学院的前院长，刚刚被任命为那儿的校长。他才30岁，是美国所有著名大学的校长中最年轻的。在芝加哥大学，他已经采纳了早先由几位教授设计的所谓"新计划"。这是一个巨大的变化。例如，从不检查上课率。你可以不取学分地"旁听"任何课程。然而，你必须念物理科学概览、生物科学概览、社会科学概览、人文科学概览。这四门概览课程中的任何一门，如果你通过了它的一次考试，你即可跳过这门课程。其他课程也是这样。如此不断地通过考试，你就可以快速进步并在一年内获得学士学位。

这些难以置信的自由，对我这个中学差等生来说太有吸引力了。作为一名大学一年级新生，第一天坐在一间教室里上英国文学课，我听那位叫诺曼·麦克莱恩(Norman Maclean)的老师［他后来写了一本畅销小说，名字叫《一江流过水悠悠》(*A River Runs through It*)］对我们说："你们在中学从来没有学到过什么东西。现在你们准备开始你们要受的教育吧。"这话语让我的脊梁骨直发凉。

我毫无困难地被这所大学接受。我通过了物理科学概览的一次考试，这让我跳过这门课程却得到学分。我陶醉于这种可上任何课的自由。我想我在四年本科期间，旁听的课程比为取得学分而念的课程要多。

阿德勒作为赫钦斯的好朋友，就在那儿任教。赫钦斯犯了个错误，他没有征询任何一位哲学教师的意见就任命阿德勒为哲学教授。这令学校里的大多数哲学家极其愤怒，他们辞职而去，离开了这所大学，哲学系因此师资残缺不全好多年。赫钦斯被迫将阿德勒调到法学院，成为这所学院唯一的哲学家。

我在这所大学的那段时间里,赫钦斯和阿德勒在竭力推行着"名著"运动,这个运动是早先从哥伦比亚大学开始的。其基本思想是,在普通教育中,学生必须了解西方世界的伟大著作。芝加哥大学将在此后出版一套由阿德勒主编的"伟大著作"。学校买下了《不列颠百科全书》(Encyclopaedia Britannica)的版权*,也是准备由阿德勒与他人合作主编,编成一个新形式的第15版。这个版本把这套书分成两部分:先是《论题综述》(Syntopicon),这是一个由短文章组成的两卷本索引;接着是一套通常的多卷本,其中是由专家们撰写的长文章。

阿德勒是个奇特的家伙。他由正统犹太教的父母抚养长大,却变得对新托马斯主义十分着迷。新托马斯主义是以中世纪最伟大的经院哲学家阿奎那的著作为基础的一个天主教哲学流派。由于阿德勒从未明确表达的各种个人原因,他拒绝皈依罗马天主教会,尽管从理智上说他相信这个教会的教义。1935年他作了个演讲,以油印件的形式记录并发布,这份油印件我小心地保存至今。他在其中说道,**如果**罗马天主教会如它宣称的那样,是上帝的一个真正的教会,那么它就有理由处决异教徒!阿德勒被这个演讲弄得极为尴尬,后来他声明这个演讲作废。哎呀!但是这个演讲已经被记录下来,传给子孙后代了。

阿德勒在他的课上努力讲解,以使学生们相信阿奎那关于上帝存在的5个证明是有效的。很久以后,他将同法国的托马斯主义者雅克·马利坦(Jacques Maritain)**就他(阿德勒)对这些证明的越来越怀疑而发生冲突。

---

* 据不列颠百科全书官方网站(https://www.britannica.com),不是买下的,而是被赠予的。——译者

** 雅克·马利坦(1882—1973),法国天主教哲学家。其思想体系以亚里士多德哲学和托马斯主义为基础,吸收古代其他哲学家和现代哲学家的见解,并兼容人类学、社会学和心理学的研究成果。——译者

在我毕业的那个学年，我以一名哲学专业学生的身份，将下面这封信发表在《新共和》(New Republic)杂志上（1940年12月13日）：

> 阿德勒最近的论文《上帝和教授们》(God and the Professors)[对这篇文章悉尼·胡克(Sidney Hook)*在贵刊的10月28日那期上作了回应]刚刚在芝加哥大学的学生报纸上全部印出，而我刚刚读完了它。
>
> 作为本校具有实证主义思想的哲学系的一名前毕业生**，和现今校园社区的一名居住者，我想对《新共和》的读者们提一个请求。
>
> **为阿德勒先生的皈依天主教祈祷。**
>
> 阿德勒先生已经声明了许多次，他在理智上接受罗马天主教信仰的教义，但是他缺乏皈依和加入天主教会所必需的神圣信念。对这样一种态度，有着说服力很强的传统先例。例如，切斯特顿撰写他的《回到正统》(Orthodoxy)这本为现代天主教辩护的最伟大著作之一，是在他加入天主教会之前差不多15年。
>
> 因此让我们联合为阿德勒先生祈祷。而且在他加入罗马

---

* 悉尼·胡克(1902—1989)，美国哲学家。实用主义哲学的代表之一。曾试图把实用主义与马克思主义结合起来。——译者

** 原文为former graduate student，按通常理解，或为"前研究生"。但作者没有在哲学系念过研究生，故译"前毕业生"。那个"前"字，亦似多余；又尚未毕业，怎称"毕业生"？其实，作者说此信写于他毕业那年，看来有误。信中提到胡克对阿德勒文章的回应发表于1940年10月28日，可见信写于这个日期之后，又当然在信发表的12月13日之前。作者本科毕业于1936年，到此时已有4年。所以他说"前毕业生"，略带调侃。作者当时在芝加哥大学某部门工作，信中说自己是"校园社区的一名居住者"，当属实。——译者

天主教会的那一天，让学术圈公布一个欢庆和感恩的日子。因为阿德勒先生那才华横溢而惹人气恼的华丽辞藻终于找到了一个家；而且从辨证法的迷雾中，将浮现出一个形象，足够明确而让人辨别，足够结实而值得进行光荣的战斗。

在这封信发表后没几天，我同一位女性朋友坐在"读者药品杂货店"里享用咖啡，就是在中途公园南面的那一家。阿德勒同一位女士坐在不远处。他紧紧地盯着我看。我猜想他的朋友刚才说："坐在那边的那个年轻人就是向《新共和》投寄那封信的人。"对于接受我请求的祈祷者们来说，过了好几十年，终于得到了回应。阿德勒97岁逝世，就在逝世前不久，他受洗成为一名天主教徒。他早先加入过基督教圣公会，他的第二任妻子是这个教会的一名虔诚的教徒。

我曾描述阿德勒是一个用一种滑稽方式走路的人，即走路一只脚在人行道边缘上，另一只脚在街面上。他在许多方面都有一颗超级大脑。他著了许多书，在我看来，其中最优秀的是《艺术与谨慎》(Art and Prudence)。他非常自负。如果你查阅《论题综述》，你会发现他的照片位居一篇传略之首，这篇传略比罗素和其他同时代哲学家的传略长，而且他们没有一个有资格配照片。

我曾经听到罗素与阿德勒争论。争论题目是在教育中是否有永恒的标准。阿德勒认为，罗素肯定相信有这样的标准，因为他写了一本书，名称叫《教育与美好生活》(Education and the Good Life)。"美好生活"(good life)这个词不就意味着"好"(goodness)的标准吗？罗素回应道，阿德勒被他这本书的美国名称误导了。在英国，这本书叫《论教育，特别是幼儿教育》(On Education, Especially in Early Childhood)。

阿奎那对阿德勒的巨大影响，以及阿德勒对赫钦斯的巨大影响，其一个标示是，切斯特顿的书《托马斯·阿奎那》(Thomas Aquinas)[伟大的法国基督教哲学史家艾蒂安·吉尔松(Etienne Gilson)*称之为已写的关于基督教圣徒的书中最好的书]在赫钦斯和阿德勒主编的丛书《当今的伟大思想》(*The Great Ideas Today*)的某一卷中被全本重印。赫钦斯前景辉煌的事业被他与阿德勒的合作严重损坏,而阿德勒同样前景辉煌的事业被他对阿奎那的痴迷彻底毁坏。一个"偷窥的托马斯主义者",有人曾经这样称呼他。

哲学家理查德·罗蒂(Richard Rorty)**在芝加哥大学攻读硕士学位时[他关于艾尔弗雷德·怀特海(Alfred Whitehead)***的论文由查尔斯·哈茨霍恩(Charles Hartshorne)****指导],给母亲写了许多信,其中一封信中写道:校园里有一个流言,说赫钦斯并不存在,他"只是阿德勒心中的一个'伟大思想'"。

关于赫钦斯和阿德勒,我在后面的章节中还有话说。关于他们之间的古怪的友谊,请见我的《序和惊奇》(*Order and Surprise*)一书的第1章"罗伯特·梅纳德·赫钦斯的奇事"(The Strange Case of Robert Maynard Hutchins)。

---

* 艾蒂安·吉尔松(1884—1978),法国天主教哲学家、中世纪哲学史家。曾试图将现代物理学中的各种理论与传统的神学结合起来。

** 理查德·罗蒂(1931—2007),美国哲学家。美国新实用主义哲学的主要代表之一。近年来受到美国公众关注。《纽约时报》(*The New York Times*)认为他1998年的《筑就我们的国家:20世纪美国左派思想》(*Achieving Our Country:Leftist Thought in Twentieth-Century America*)预言了2016年的特朗普当选总统。——译者

*** 艾尔弗雷德·怀特海(1861—1947),英国哲学家、数学家。提出过程哲学。认为自然界是活生生的创造进化过程。与罗素合著《数学原理》(*Principia Mathematica*)。——译者

**** 查尔斯·哈茨霍恩(1897—2000),美国哲学家、神学家。他发挥了怀特海的过程哲学思想,并将其融入自己的神学思考,形成了他的过程神学。——译者

第六章

理查德·麦基翁

> 理查德·彼得·麦基翁,
> 被这种意见迷了魂:
> 所有哲学之观点,
> 同样可赞同样真。
>
> ——阿曼德·T.林格

赫钦斯给芝加哥大学带来了一位甚至比阿德勒还要怪异的哲学教授。他就是理查德·彼得·麦基翁(Richard Peter McKeon)*。在那个时候麦基翁是所谓"文学批评的亚里士多德学派"的领袖。几年之后他成了一个叫作多元主义的哲学流派的顶级倡导者。多元主义是一个好比人类学中所谓文化相对主义的东西。一个文化相对主义者不能说文化A优于或劣于文化B。各种文化显然是有区别的,人们可以描述这些区别,但是不存在判定一种文化优于另一种文化的标准。哲学上的多元主义者常说过去的伟大哲学体系之间有某些东西是相似的。这些哲学体系显然不相同,但你不能说一个体系比另一个更接近真理。

"我认为可以证明,"麦基翁在什么地方写道,"全体人类在思想上统一于一种哲学,是不可能的,即使可能,也是不可期望的。"

---

* 理查德·彼得·麦基翁(1900—1985),美国哲学家。他的思想形成了联合国《世界人权宣言》(*Universal Declaration of Human Rights*)的基础。——译者

例如，你不许说柏拉图(Plato)优于亚里士多德，或反之。你不能说巴吕赫·斯宾诺莎(Baruch Spinoza)*的中心视觉(Central vision)比笛卡儿(Descartes)的更可能真实，或反之。你不应认为实用主义哲学的詹姆斯版本好于或坏于，比方说，约翰·杜威(John Dewey)**或罗蒂的实用主义哲学。

令人惊奇的是，麦基翁的多元主义与阿德勒在他的第一本书《辩证法》(Dialectic, 1927)中所维护的多元主义完全一致。在那本书中，阿德勒论证哲学不应该关心真理，而应该仅仅关心一个体系对另一个体系的作用。"哲学的目的，"阿德勒总结道，"差不多可以描述为努力造就一个空空的头脑，一个清空了任何知识上的预先假定和不为这种或那种信仰所羁绊的头脑。"

一个空空的头脑！我很奇怪，麦基翁头脑中的基本信仰有可能被清空吗？很难认为是这样。有讽刺意味的是，正是麦基翁首先将阿德勒引导到阿奎那那里，向他介绍了这位圣徒的一套21卷的著作集英译版。阿德勒称他读第1卷的效果是"灾难性的"。

在《序和惊奇》的第2章中，我讲述了我是如何努力弄明白麦基翁的头脑是否真的空了。例如，他抛弃了他的天主教出身之后，是否仍然保留着对上帝的一种信仰？我知道他从小被一位天主教父亲和一位犹太教母亲教养成一名天主教徒。与阿德勒不同，如果你读了麦基翁的所有已出版的作品，你永远也搞不清楚，在任何基本的哲学问题上，他到底信仰什么！他讲柏拉图时，他是个柏拉图主义者。他讲亚里士多

---

* 巴吕赫·斯宾诺莎(1632—1677)，荷兰哲学家。提出以实体、属性和样式为中心的自因论唯物主义世界观。是唯物主义唯理论的主要代表之一。——译者

** 约翰·杜威(1859—1952)，美国哲学家、教育家、心理学家。实用主义哲学的集大成者。在中国学术界很有影响，培养了胡适、冯友兰、陶行知、张伯苓、蒋梦麟等学者。——译者

德时,他就是个亚里士多德学派的学者。他讲斯宾诺莎或托马斯·霍布斯(Thomas Hobbes)*时,他就是个斯宾诺莎主义者或霍布斯哲学的鼓吹者。

我写信问乔治·金博尔·普洛赫曼(George Kimball Plochmann),麦基翁的一位前学生,他1990年出版了《理查德·麦基翁》(Richard McKeon),这是麦基翁的第一本传记。关于麦基翁是个有神论者,还是无神论者,或者两者之间的什么论者,普洛赫曼一点儿也不知道。

绝望中,我转向麦基翁的第二任妻子扎哈瓦(Zahava),她是在他第一任妻子穆里尔(Muriel)死后嫁给他的。扎哈瓦本是个犹太教徒,后皈依罗马天主教。她的博士学位是在麦基翁指导下获得的。让我高兴且意外的是,她给我回电了,我们谈了半个小时。

她的丈夫信仰上帝吗?同普洛赫曼一样,她不知道!她猜想并希冀,麦基翁在逝世之前不久,已回归他童年时代的信仰,因为他没有反对临终祈祷。但是她不确定。就我所知,麦基翁是唯一这样的哲学教授:他从不让人了解,甚至不让他的第二任妻子了解保罗·蒂利希(Paul Tillich)**所喜欢称的一个人的"终极关怀"。

现在让我转向"名著"运动,这个运动让赫钦斯和阿德勒如此倾心,也让麦基翁如此倾心。我同意一种自由教育应该,至少是部分地,以熟悉西方世界最伟大的名著为基础。多年里,"名著"运动在这里繁荣兴旺,在遍及全国的多个城市中,一些名著讨论组每星期都举行讨论会。

---

* 托马斯·霍布斯(1588—1679),英国哲学家。主张用力学和数学来说明一切,建立了近代第一个机械唯物主义体系。认为物理学所特有的经验归纳法不能应用于其他科学;在几何学中须用理性演绎法,并认为几何学方法是最好的方法。——译者

** 保罗·蒂利希(1886—1965),中文名田立克,出生于德国的美国神学家、哲学家。现代基督教哲学的主要代表人物之一。认为抓住基督教因信称义的教义,就可以了解人类的全部文化生活和灵性生活。他的"终极关怀"理论,受到人文科学界的广泛关注。——译者

为芝加哥大学所拥有的《不列颠百科全书》出版机构，出版了一套54卷的丛书，叫《西方世界的伟大著作》(The Great Books of the Western World)。后来的1999年版剔除了其中的一些书，并扩展到一套60卷。你可以在"维基百科"上查阅关于"名著"运动的信息而得到所有这些书的书目。

当然，关于什么书应当被包含在这样一套丛书中，任何两位学者都不会有一致的意见。阿德勒的最大错误是把一大批这样的科学经典著作包括了进来：它们在出版时确实是巨大的突破，但现在是无可救药地过时了，而且对于如今的普通读者来说，太过专业了。要受到教育，你肯定不需要像跋山涉水那样通读亚里士多德的论述，或者托勒玫(Ptolemy)、哥白尼(Copernicus)、开普勒(Kepler)、伽利略(Galileo)、牛顿、玻尔(Bohr)、爱因斯坦、爱丁顿(Eddington)、海森伯(Heisenberg)，以及其他科学巨人的著作。你像刨土犁地那样翻遍欧几里得(Euclid)的《几何原本》(Elements of Geometry)，也不可能学到现代数学的任何东西。要理解有关科学的某些事情，最好的计划是读一本较短的科学史，以及关于相对论和量子力学的普及性作品。

阿德勒所做的巨大蠢事之一是把弗洛伊德的《梦的解析》(Interpretation of Dreams)算作伟大著作。弗洛伊德的精神分析在几十年前就已死亡。如今对于几乎每一个60岁以下的精神病学家来说，弗洛伊德尽管是个优秀的作家，但已经成了一个怪人的真正典范。凡是他说什么事是有重要意义的，那么这件事就不是原创的。詹姆斯在写他的《心理学原理》(Principles of Psychology)时，弗洛伊德还是个孩子，而这部著作就详细地讨论了潜意识在精神病中的作用。什么地方弗洛伊德的说法是所谓原创的，那么在那个地方他就是满嘴胡扯。他关于梦的书，带着其中的煞费苦心和荒谬乖戾的符号表示，属于一套叫作《西方世界伪科学的伟大著作》(Great Books of Bogus Science in the Western World)的书。

在文学领域,赫钦斯和阿德勒选择了狄更斯(Dickens)的一本书《小杜丽》(*Little Dorrit*)。小杜丽是谁?为什么乔伊斯(Joyce)的《一个青年艺术家的画像》(*A Portrait of the Artist as a Young Man*)在这套丛书中,而他的杰作《尤利西斯》(*Ulysses*)却不在?《堂吉诃德》(*Don Quixote*)、《白鲸》(*Moby Dick*)以及《哈克贝利·费恩》(*Huckleberry Finn*)在其中,这是对的。和它们在一起的还有弥尔顿(Milton)、但丁(Dante),以及莎士比亚。但伟大的浪漫主义诗人们在哪儿呢?

如果我被要求选伟大著作(不过谁会要求**我**?),我会把卡罗尔的两本《艾丽丝》*包括进去。或许,甚至把鲍姆的《绿野仙踪》也包括进去?我其实认为,真的,如今一位受过教育的人,在阅读诸如乔治·艾略特(George Eliot)的《米德尔马契》(*Middlemarch*)这类书之前,应该知道上述那些书。

不管怎么说,除了对少数剩余的读者来说,名著风潮现在已经差不多过去了。你仍然可以从旧书商那儿买到所有60卷书,但是你何必这样,因为这些经典著作的便宜平装本随手可得,而且在版本上比那些选进丛书的更好。

对"名著"运动的两个最激烈的批评,来自德怀特·麦克唐纳(Dwight Macdonald)和亚历克斯·比姆(Alex Beam)。麦克唐纳于1952年在《纽约客》(*New Yorker*)的一篇颇有名气的文章中,对那套丛书进行了猛烈的攻击。比姆是《波士顿环球报》(*Boston Globe*)的专栏作家,他甚至就这个论题写了一整本书:《当时的一个伟大思想》(*A Great Idea at the Time*)。比姆称那些书是"坚不可摧性的图标——32 000页,小号字体,双栏排版,耗费眼力。"

赫钦斯竭力想说服芝加哥大学采用这种伟大著作来作为本科学习

---

* 指《艾丽丝漫游奇境记》和《艾丽丝镜中奇遇记》。——译者

的核心,但是没有成功。唯一在实际上这样做的学院是小小的圣约翰学院。这所学院被赫钦斯和阿德勒的几位好友接手后,现在位于安纳波利斯和圣菲。如今几乎没有哪一家的客厅里有一套伟大著作放在那儿来摆弄出赫钦斯所谓的"彩色家具"了。

尽管难以相信,但罗蒂作为全国杰出的实用主义哲学家之一,居然被麦基翁的多元主义严重影响。苏珊·桑塔格(Susan Sontag)*和罗伯特·库弗(Robert Coover)**,这两位才华横溢的作家也是麦基翁的狂热的学生。在消极的方面,罗伯特·波西格(Robert Pirsig)***在他的畅销书《禅与摩托车维修艺术》(Zen and the Art of Motorcycle Maintenance)中,有着麦基翁的一副难看的形象——一个知识霸王,他从没有被任命为"委员会主席",而是被称为如此。

这样一位才气过人的哲学史家,一位研究亚里士多德和中世纪思想家的专家,会如此迅速地消退到近乎被人遗忘,这让我觉得很悲哀。《牛津哲学指南》(Oxford Companion to Philosophy,1995年版,1009页)中没有麦基翁的条目。《剑桥哲学词典》(The Cambridge Dictionary of Philosophy,1995版,882页)中也没有。阿德勒也没能进入这两部书。

卡尔纳普在芝加哥大学的时候,正值麦基翁和阿德勒也在那儿,他在上面两部书里都有长条目。(阿德勒曾经叫他"笨蛋卡尔纳普"。)那里面还有着关于查尔斯·莫里斯(Charles Morris)****和哈茨霍恩的短条目。

---

* 苏珊·桑塔格(1933—2004),美国作家、文艺评论家。主要作品有《在美国》(In America)。——译者

** 罗伯特·库弗(1932—),美国作家。主要作品有《公众的怒火》(The Public Burning)、《打女佣的屁股》(Spanking the Maid)。——译者

*** 罗伯特·波西格(1926—2017),美国作家、哲学家。主要作品除《禅与摩托车维修艺术》外,还有《莉拉》(Lila)。——译者

**** 查尔斯·莫里斯(1901—1979),美国哲学家。现代符号学创始人之一。主要著作有《开放的自我》(The Open Self)。——读者

第七章

我失去了我的信仰

当我第一次踏进芝加哥大学的时候,我是在一种原始的新教原教旨主义的掌握下。这一定程度上是我对米沙沃卡野营地的一位辅导员十分赞赏的结果。米沙沃卡野营地在明尼苏达州的北部,有几个夏天我父母把我送到那儿度假。那位辅导员的姓名叫乔治·格特古德(George Getgood)。他还是塔尔萨的第一长老会主日学校的教师。他的妹妹比他更虔诚,是这个教会的一名传教士。我有很多个月参加了这个教会的主日崇拜,听格特古德的课,尽管我没有成为这个教会的一名教徒。

我确信,是格特古德引导我去看芝加哥穆迪圣经学院出版的文学作品的。德怀特·莱曼·穆迪(Dwight Lyman Moody)*写的一本布道书让我深为感动。穆迪是在比利·森戴(Billy Sunday)**的时代之前美国最著名的福音布道者。我想起我对穆迪关于耶稣之血的布道印象特别深刻。穆迪说,这是耶稣身体上唯一留在地球的东西。他论述道,基督的

---

* 德怀特·莱曼·穆迪(1837—1899),美国福音布道者。他确立了在美国大城市传道的模式。——译者

** 比利·森戴(别名 William Ashley Sunday,1863—1935),美国福音布道者。追随者甚众,据说有30万。坚决主张禁售酒类。——译者

血,就像一条鲜红色的线,穿透了《旧约全书》《新约全书》这两本圣约。这血也滴穿了我的宗教小说《彼得·弗洛姆的出走》(The Flight of Peter Fromm)的每一页。

穆迪不能忍受在他的帐篷福音聚会上有又冗长又烦人的祈祷。当这样的一个祈祷在无休无止地进行时,穆迪便走近讲坛,说:"趁着我们的好兄弟在祈祷的时候,让我们全体起立,唱赞美诗第某某首。"

曾有一个短暂的时期——我现在写到这件事真是极其尴尬——我对基督复临安息日会产生了兴趣。这是一个原教旨主义教派,目前仍在世界各地兴盛不衰。我此前在塔尔萨的图书馆发现一本由基督复临会教徒卡莱尔·B.海恩斯(Carlyle B. Haynes)写的书,书名是《我们的时代及其意义》(Our Times and Their Meaning)。这本书说服我相信,"耶稣再来"就在眼前。格特古德和葛培理(Billy Graham)*也持这个观点。我记得有一天早上格特古德在主日学校对他班上的学生说,1933年很可能正是基督复临的年份!

在一段很短暂的时间内,我实际上加入了当地的一个基督复临会。我记得在一个星期六的早上,我被一种洗脚礼仪吓着了。每一位教徒都要把他的或她的脚给另一位教徒洗濯。我还不是教徒,于是带着一双不怎么干净的脚幸运地逃过了这个仪式。

当我偶然看了一本稀见的红色封面的书,我对基督复临安息日会的兴趣便化作一缕青烟,随风而去。这本书1919年出版,书名是《基督复临安息日会先知——怀爱伦**夫人生平:她的虚假宣称被驳倒》(Life of Mrs. E. G. White, Seventh-day Adventist Prophet: Her False Claims Refut-

---

* 葛培理(别名 William Franklin Graham, Jr., 1918—2018),美国福音布道者。二战后福音派教会的代表人物之一。先后给11任美国总统布道。——译者

** 怀爱伦(E. G. White, 1827—1915),美国宗教领袖。基督复临安息日会的创始人之一。她的预言和其他引导对这个教会的早期发展非常关键。——译者

ed），作者 D. M. 坎赖特（D. M. Canright）是基督复临会的一位前牧师。他说服我相信，怀爱伦夫人——这个教派的创始人之一，在一定程度上是个江湖骗子。她书中有几百个段落是一字不差地从其他作者的书上抄来的，既不用引号也不注出处。好几十年之后，沃尔特·雷（Walter Rea）——另一位不再抱有幻想的基督复临会牧师，会出版一本较大部头的著作，书名叫《怀氏谎言》（*The White Lie*），怀修女无耻盗窃的更多例子在书中到处都是。这本书出版后，《时代》（*Time*）周刊报道说，几十名基督复临会的牧师读了雷的经仔细引证的著作，便离开了这个教会。

另一位失去其信仰的前基督复临会长老（这个教会这样称他们的牧师），是威廉·塞缪尔·萨德勒（William Samuel Sadler）。离开这个教会之后，萨德勒成了一个叫作"玉苒厦运动"（Urantia movement）的敌对邪教的古鲁*。（"玉苒厦"是这个邪教在地球上用的名字。）这个邪教的圣经《玉苒厦之书》（*The Urantia Book*）是一本超厚的集子（有2097页），其中是所谓由其他行星上的较高级生物撰写的"论文"！它们是由一名睡着觉的"联络人物"传递过来的。这个邪教从未披露这位人物的身份。在我的《玉苒厦，巨大的邪教之谜》（*Urantia, the Great Cult Mystery*）一书中，我给出了强有力的证据，证明这名睡觉者就是萨德勒的连襟威尔弗雷德·卡斯特·凯洛格（Wilfred Custer Kellogg）。凯洛格和他的妻子，同萨德勒和他的妻子一样，也是前基督复临会教徒。《玉苒厦之书》充满了基督复临会的教义，比方说灵魂睡到耶稣复活之日即醒来、恶人终将灭亡、守护天使们的作用。最近几年，马修·布洛克（Matthew Block），一位前玉苒厦成员，揭露了《玉苒厦之书》中的大部分论文是从其他人的著作中剽窃来的，既没有提示出处又没有用到引号。这几乎就像萨德勒正在尽最大努力要成为又一个怀爱伦！

---

* 英文原文是guru，即某些非基督教宗教的领袖。——译者

我的妻子夏洛特(Charlotte)认为我就"玉苒厦运动"写书是对时间的一个巨大浪费。我想她可能是对的。我被《玉苒厦之书》吸引,部分是因为它的基督复临会起源,部分是因为我为萨德勒所吸引。我还是个孩子的时候就已经读了他早期的书《恶作剧的心灵》(The Mind at Mischief),印象深刻。我特别被一篇后记吸引,萨德勒在其中说到,在他遇到的迷睡通灵师中,只有两人他无法把他们当作骗子而不予理会。他没有说出他们的名字,但是据我后来所知,一个是怀爱伦,另一个就是那位与《玉苒厦之书》的"掌管者们"沟通的睡觉者。

我对"玉苒厦运动"的凶狠攻击,是不是导致了任何真正的相信者对那本书的主张表示疑问呢?我不能确定。我知道没有一个玉苒厦成员因看了我的书而离开这个邪教。有时候猛烈攻击一个宗教运动的书反而坚定了一个相信者的信念。本杰明·富兰克林(Benjamin Franklin)在他的自传中写到,他就是读了一本攻击自然神论的书后成为一名自然神论信仰者的!

回到芝加哥大学。正是我在这所大学的后来年月中,才断定称自己为基督徒应该是虚伪的。尽管我赞赏那些似乎是耶稣说的基本教义,但我再也不相信他是上帝的化身了。我过去从未失去对上帝的信仰和对可以有来世的相信,这是耶稣的教义中的两个核心方面。正是两本圣约中那些荒谬的奇迹,对我的信仰造成了最大程度的损害。

我不能想象宇宙的创造者会做如此滑稽可笑的事,诸如把罗得的妻子变成盐或把红海分开*。我不能想象这样一个上帝:他会把除挪亚及其家庭之外的每一个男人、每一个女人、每一个孩子以及他们心爱的宠物全都淹死。我在其他地方讲过我同一名基督复临安息日会教徒及

---

* 摩西在上帝的指示下分红海,最后让犹太人逃离埃及人之手的故事,见《出埃及记》14章。——译者

其妻子一起吃午餐的事。我问他怎么会崇拜一个竟能把天真无邪的婴儿们都淹死的上帝。他的回答让我猝不及防。他说：预知将来的上帝，知道那些婴儿长大后会变成恶男恶女。我真想站起来大声喊："Touché*!"这是一个我从来都没有过的想法。

耶稣的奇迹在我的心中并不怎么样。真是难以置信，一个具有人形的上帝会去变这样的魔术，诸如把水变成葡萄酒、把面包和鱼的数量成倍增加。尤其是我发觉，很难设想上帝会送任何人去受永恒的（永恒的！）折磨，仅仅是因为，如保罗所警告的，他们不信耶稣会从他的坟墓里全身完好地起来。

《马太福音》（Matthew's Gospel）告诉我们，当耶稣死去时，发生了一场大地震。磐石崩裂，而且"坟墓也开了，已睡圣徒的身体，多有起来的。到耶稣复活以后，他们从坟墓里出来，进了圣城，向许多人显现"（《马太福音》27章52节和53节）。

就算——虽然这不大可能——你，亲爱的读者，是一名顽固的原教旨主义者，你真的会相信这些？你认为上帝给了这些圣徒的骨架以鲜活的身体，然后给他们穿上衣服？这些圣徒是保持复活状态，还是成为一副骨架回到他们的坟墓里？而如果你怀疑这一切的发生，那你怎么能相信耶稣复活的说法？

是"地质学101"**中的一门课程，扩大了我那濒临破碎的信仰中的裂隙。当我在中学与基督复临会逢场作戏的期间，我在塔尔萨的图书馆发现一本硕大的教科书，叫《新地质学》（The New Geology），由基督复临会教徒乔治·麦克雷迪·普赖斯（George McCready Price）撰写。普赖

---

* 法语，意思是"说得对"。用以在辩论中承认对方的说法有道理，并有赞赏之意。——译者

** 在学科名称后面加个101，表示这是这门学科最基础的入门部分。源自美国大学的课程序号，现已成为美国大学的常规用语。——译者

斯使我相信（但会让我的地质学家父亲感到悲伤），地球的年龄大约是1万岁，而化石是大洪水*中被毁灭的生命的石头形式。从我的101课程中取一小点儿地质学知识，就使我确信普赖斯是个可亲可爱的怪人。他没有受过地质学方面的培训。如今甚至大多数的智能设计论**鼓吹者，也不会认真看待化石的大洪水形成论。基督复临会不再重印普赖斯的那些无价值的书。他的《新地质学》以及他那聪明但荒唐的论证，或许是捍卫一颗年轻的地球和化石的大洪水形成论的最后和最伟大的努力了。如果你有兴趣，你可以通过核查我的《新时代：一名边缘观察者的笔记》(The New Age: Notes of a Fringe Watcher)一书中的第12章来了解关于普赖斯的更多情况。

在大学，我发觉自己面临下述左右两难的困境。如果进化论是真的，正如我那时已开始相信的那样，那么《创世记》就不是；而如果《创世记》是假的，那我怎么能够相信其他圣经事件是确凿无疑的？如果夏娃(Eve)不是用亚当(Adam)的肋骨造出来的——这个神话是对女人的一个多么滑稽的侮辱呀！——那么耶稣或许就从来没有把拉撒路(Lazarus)在其尸体开始腐烂之后从死亡复活***。

在芝加哥大学的第一年，我是"芝加哥基督徒联谊会"(Chicago Christian Fellowship)的创始人之一。这是一个小小的原教旨主义者团

---

*《创世记》16章17节："看哪！我要使洪水泛滥在地上，毁灭天下。凡地上有血肉，有气息的活物，无一不死。"这就是传说中的大洪水，挪亚方舟的故事就发生在这个背景下。但是世界上多个地区都有关于大洪水的传说，学界对此也众说纷纭。——译者

**一种观点，认为必定是具有智慧的创造者设计了某些规则，造成了自然界中某些目前无法在自然范畴内予以解释的现象。——译者

***拉撒路是《圣经》中的一名乞丐。耶稣把他复活的故事，见《约翰福音》(Gospel According to John)11章。——译者

体,它在一所世俗的大学中显得非常格格不入。在这所大学的一本年鉴中,有这个群体的一张照片。我一直都参加它的每周聚会,甚至在我的信仰开始发生动摇之后。在一次聚会上,我讲了进化论的真理性,以及怎样才能不放弃对上帝和基督教的信仰而同时接受进化论。

我在那些困惑的日子里有个女朋友,叫玛丽安·瓦格纳(Marian Wagner)。她母亲是位虔诚的原教旨主义者,而玛丽安也是联谊会的成员。我们一起编辑《评论》(Comment),这是大学里的文学季刊。我们的关系是完全清白的,而且毕业之后,我们就漂流各方了。几十年后,玛丽安的女儿邦妮·比蒂丽娅(Bonnie Bedelia)*来拜访我。她是一位美丽而又多才多艺的好莱坞女演员,主演过许多影片。邦妮正在探寻她母亲早年的岁月。玛丽安写过极为出色的诗,有一些发表在《评论》上。我后来传递了一份剪报给邦妮,那是我母亲从某张不知名的报纸上保留下来的,上面是玛丽安写的一首关于桑顿·怀尔德(Thornton Wilder)**的赞颂诗。

怀尔德是赫钦斯的另一位朋友,他应赫钦斯之邀加入了芝加哥大学的员工队伍。我念了他的两门课。一门是关于虚构小说的写作。令我难堪的是,我的几篇业余水平的短篇小说被怀尔德在班上大声朗读,然后受到了来自怀尔德和学生们的摧残性批评。

另一门课是我大学岁月中的一个亮点。怀尔德给它冠以名称"中世纪和文艺复兴时代的杰作"。我们学习三本书:《堂吉诃德》、但丁的《地狱篇》(Inferno)和莎士比亚的一部戏剧。怀尔德是一名有激励性的

---

* 邦妮·比蒂丽娅(1948—),美国电影电视明星。对于中国观众来说,可以在电影《虎胆龙威》(Die Hard)中见到她。——译者

** 桑顿·怀尔德(1897—1975),美国作家。作品有《圣路易斯雷大桥》(The Bridge of San Luis Rey)、《我们的小镇》(Our Town)等。——译者

演讲者,他的激情很有感染力。我永远感谢他引导我读塞万提斯(Cervantes)的伟大小说和但丁的不朽诗篇——靠我自己恐怕永远也不会发现的两部经典著作。让我补充一下,怀尔德是一名有神论者,他是到中国去的传教士的儿子。我惊愕地听到怀尔德在他所谓的"离题日"——一个他回应学生问题的日子——上说,他还没有拿定主意:耶稣到底是唯一的神圣,还是仅仅是一位伟大的宗教教师?

怀尔德的畅销小说《圣路易斯雷大桥》说的是南美洲的一座桥塌了,导致许多路人死亡。朱尼珀(Juniper)神父研究那些死者的生平,努力想断定他们的死亡是否可能由上帝以某种方式计划好了。他没有得到最后的结论。我在一篇题为《桑顿·怀尔德和天意问题》(Thornton Wilder and the Problem of Providence)的文章中讨论了所有这些。它发表在堪萨斯州的一本文学杂志上。我没有把它收进任何一本文章和书评的集子,因为我认为它不值得重印,但它表明了怀尔德的小说和戏剧对我的影响。

我对怀尔德稍微有了点了解,我甚至把他的一篇超短篇小说发表在《评论》上。一个阳光明媚的下午,我们在中途公园邂逅。我们坐在绿草如茵的斜坡上,东拉西扯地聊了一会儿。那是1936年,切斯特顿刚刚去世。怀尔德还没有听说他的离世。我问他是否读过切斯特顿的《代号星期四》(*The Man Who Was Thursday*)。他说没有。我们说到卡尔·巴特(Karl Barth)*,关于他的布道我那时一直在读。我们还说到威廉·保克(Wilhelm Pauck)新出版的《卡尔·巴特,一种新基督教的先知?》(*Karl Barth, Prophet of a New Christianity?*)。保克是这所大学神学院的教师,我一直在旁听他的一门课。

---

* 卡尔·巴特(1886—1968),瑞士神学家、哲学家。20世纪基督教新教哲学的主要代表人物之一。新正统神学的奠基人。——译者

怀尔德很赞赏巴特,对保克的书只是表扬,说这是关于巴特的第一本用英语写的书。顺便说一下,保克以另外一个名字出现在我的小说《彼得·弗洛姆的出走》中。当许多年之后保克写了一部2卷本的蒂利希传记的时候,我很惊愕。很难想象有两位神学家会比巴特和蒂利希背离更远的了。蒂利希假装是个新教徒,但实际上是个泛神论者,他拒绝接受基督教的所有核心教义。

我当时不知道怀尔德是同性恋者。确实,直到关于他和拳击冠军滕尼(Gene Tunney)两人携手欢闹嬉笑地环游欧洲的报道大量出现在新闻媒体上时,这件事才为人广知。怀尔德在什么地方回忆道,有一次他们正在读的一本书掉到一个水池中去了,滕尼潜水下去,把它找了回来。当他浮出水面往回游时,是用牙齿咬着那本书。

怀尔德的喜剧小说《天堂是我的目的地》(*Heaven's My Destination*)说的是一个新教原教旨主义者乔治·马文·布拉什(George Marvin Brush),他不顾他的原本观念,举止行为像个讨人喜欢的小伙子。这本书销售不佳,评论冷淡,但是我倒看得兴致勃勃,频频皱眉蹙眼。布拉什与我小说《彼得·弗洛姆的出走》中失去信仰之前的彼得,与失去信仰之前的我,都有许多共同之处。

第八章

芝加哥(Ⅰ)

>世界屠猪场,小麦堆满仓,
>到处能工巧匠。
>调度得当,铁路顺畅,
>全国运输执掌。
>风风火火,吵吵嚷嚷,
>我们的城市,硕大的肩膀……
>
>——卡尔·桑德堡(Carl Sandburg)*

在芝加哥大学读大一期间,我与一位中学朋友默尔·贾尔斯(Merle Giles),在埃利斯大道合住一个房间。后来我在埃利斯大道对面的一幢学生宿舍小住了一段时间,然后在接下来的四年中,我搬了大约十几个各种各样的寄宿处,它们的地址我再也记不住了,除了一处——那就是在多切斯特大道5610号的"家园宾馆"。这是一幢老旧的大厦,现在早已被一幢公寓大楼代替了。

我的小说《彼得·弗洛姆的出走》中有一章就是说这家宾馆的。它的房间从A到Z编号,其中X、Y、Z在顶楼。我住在房间X,每星期10美

---

* 卡尔·桑德堡(1878—1967),美国诗人、传记作家。这里引用的是他最著名的诗《芝加哥》(Chicago)的开头几句。他还著有《林肯传》(Abraham Lincoln)。——译者

元。我那时常说我被跌下楼梯的老太太们闹得一晚上都醒着。一天我房间的天花板有一块掉下来了。几天后有两个长相滑稽的小个子男人,带着浓重的外国口音来给我补天花板。他们几乎不会说英语。我后来才知道,他们是这家宾馆的老板!

与我同住这家宾馆的房客中,有一位叫埃德·哈斯克尔(Ed Haskell)。他在年轻时过着流浪生活,带着他的吉他在公路上游荡。一天下午,有一位阔太太让他搭车。她被哈斯克尔的英俊相貌和他的乡村歌曲给迷住了。于是她建立了一个基金,供他接受高等教育——那是一个持续他一生的基金。

我第一次遇到哈斯克尔时,他正在芝加哥大学主修哲学,并深深地沉湎于"普通语义学",这是一个由超级自我主义者艾尔弗雷德·科日布斯基(Alfred Korzybski)*伯爵始创并领导的歪门邪道。这位伯爵住在靠近校园的一幢建筑内,在西56街234号。科日布斯基当初选这房子是因为他喜欢它这个按顺序排列的23456**。

我和哈斯克尔同在家园宾馆租房居住的时候,哈斯克尔正在完成他的唯一著作,一本小说,书名是《长矛》(Lance)。是他给了我一本还是我去买了一本,我记不清了。这本书是作者自行出版,而且据我所知,从没人写过书评。你可以想象在几年后我是多么地惊奇:当时我住在曼哈顿,我在哥伦比亚大学的图书馆里发现了哈斯克尔,他在读一本书。显然他把他的研究生学业转移到了哥伦比亚大学。我没有打扰他的阅读。

---

* 艾尔弗雷德·科日布斯基(1879—1950),出生于波兰的美国哲学家。创建普通语义学。——译者

** 英文地址中,门牌号在道路名之前。——译者

第二个甚至更大的惊奇发生在许多年之后，当时我在为《纽约图书评论》给威拉德·范·奥曼·奎因(Willard Van Orman Quine)*的自传写书评。奎因是一位著名的美国哲学家。奎因和哈斯克尔原来在奥伯林学院学习的时候是好学友。他们不但是好朋友，而且哈斯克尔是奎因的**最长久**和**最好**的朋友。奎因写到，他在他的成年生活中只哭泣过两次。一次是在他的婚礼上，另一次是后来有一次当他不能与哈斯克尔一起去度假的时候。他们曾一起度过许多次假，但那次是因为这"流氓头子"——奎因的儿子喜欢这样称呼哈斯克尔——生病而且快要死了。

对于哈斯克尔在愚蠢的歪门邪道上折腾这种奇怪的强迫症，奎因只是有短暂的接触而已。哈斯克尔在他对普通语义学的狂热开始消退之后，接下来成了——当心，请坐稳！——文鲜明统一教团**的一名信徒！正是哈斯克尔，说服文鲜明牧师大人和一个拥有持保守立场的《华盛顿时报》(*Washington Times*)的亿万富翁，赞助各种邀请科学家和其他思想家参加的会议。顺便说一下，文鲜明最终宣布，正如他的信徒们长期猜想的那样，他确实是"再次复活的基督"。奎因在他的自传中说到他参加了一次文鲜明的研讨会，看到伟大的物理学家尤金·维格纳(Eugene Wigner)***离开了他的座位。他希望维格纳是因为对演讲者所说的感到恶心而离开会议的，但不是的——他只是去上厕所。

---

* 威拉德·范·奥曼·奎因(1908—2000)，美国哲学家、逻辑学家。在逻辑学、本体论、认识论以及语言哲学上都有重要建树。主要著作有《从逻辑的观点看》(*From a Logical Point of View*)等。——译者

** 文鲜明(Sun Myung Moon, 1920—2012)，韩国传教士。1954年创立世界基督教统一神灵协会，通称统一教团。——译者

*** 尤金·维格纳(1902—1995)，出生于匈牙利的美国物理学家。由于对原子核和基本粒子理论的贡献，特别是对基础的对称性原理的发现和应用，获得1963年的诺贝尔物理学奖。——译者

*ETC**,一家专门讨论普通语义学的季刊,一度由日裔美国人早川一荣(Sam Hayakawa)主编。他是一本关于普通语义学的通俗图书的作者。后来他与科日布斯基伯爵发生了一次激烈的争吵。20世纪50年代初期,一个炎热的夏夜,我与早川一荣在我们大学附近的一个爵士小酒吧偶然相遇。我问他是什么原因导致他们关系破裂。他答道:"话。"后来,早川一荣成了一名来自加利福尼亚州的杰出的美国参议员。

　　1958年,科日布斯基伯爵的一名追随者小戴维·布兰(David Bourland, Jr.)提出了"E-prime"(English-prime)**这个词,表示一种删除了"to be"的所有诸如is、am、are、was、were等变形的语言。采用E-prime,被认为会增加语言的清晰度。例如,一首音韵铿锵的老诗歌可翻译成E-prime如下:

　　　　Roses look red,

　　　　Violets look blue,

　　　　Honey tastes sweet,

　　　　As sweet as you.***

　　　　(玫瑰花红艳,

　　　　紫罗兰湛蓝,

　　　　蜂蜜味甚甜,

　　　　如你甜心肝。)

　　现在是很难相信了,不过那时一场关于E-prime价值的激烈辩论在普通语义学圈子里如火如荼地进行了好几年。文章,甚至整本书,都用

---

　　* ETC的小写etc是常用的拉丁文缩写,意思是"等等"。普通语义学采用这个符号提醒人们,个体、事物尚有许多未被表达的特征,人类的认知是有限的、不完全的。——译者

　　** 似乎是"英语精华"的意思。——译者

　　*** 这首诗原来应该是:Roses are red, violets are blue, sugar is sweet, and so are you。这是一首流传民间的情诗。——译者

E-prime撰写和出版！就我所知，E-prime结果被证明是没有用的，而且如今没有任何一位重要人物认真地对待它。确实，也没有一位重要人物认真地对待普通语义学。"广泛地读了科日布斯基的东西，"乔姆斯基写道，"我找不到任何既不无聊又不虚假的内容。"如果你想知道关于E-prime的更多情况，请核查我的《怪水和模糊逻辑》(Weird Water and Fuzzy Logic)一书的第5章"E-prime：摆脱is"(E-Prime: Getting Rid of Isness)。

我大学毕业后大约有一两年的时间在从事这样一个职业：芝加哥救济管理局的一名社会个案工作者。那是在大萧条*的最后年月。我想我的薪水比我的救济对象从市里拿到的还要少。我的个案总量是140户家庭，他们都住在芝加哥的被称为这个城市之"黑色地带"**的地方。我的工作是定期访问救济对象，调查他们的生活状况，证实没有人私下得到了一份工作而有了收入。我不相信会有许多人这样，因为在那些日子里，得到一份工作是很难的。在一个令人悲伤的日子里，我为一名男子准备了一口棺材，安排好了他的葬礼，他之前一直在家由他的妻子照料，因为附近的医院没有空床位。

我的大多数救济对象都是彬彬有礼、品质优秀的人。他们会跟我诉说他们手臂上和腿上的"痛苦"。他们中有些是天主教徒的，在一间卧室中建了一个小神龛，有蜡烛和一尊圣母马利亚(Mary)的雕像。有一位年轻人住在一幢楼的四层，他设置了一根细绳，从他的房间一路连到这幢楼的前门。如果你摁他邮箱旁边的一个按钮，他会拉动这根细绳，把门的插拴拉开。

几年之后，我已结婚，住在曼哈顿北部的韦斯特切斯特县。我装了

---

* 指1929年至1933年之间发源于美国，后来波及整个资本主义世界的经济危机。——译者

** 指芝加哥城南的黑人居住区。——译者

一根类似的细绳,从我工作的顶楼连到厨房,使挂在厨房门口上方一只铃铛响叮当。我妻子夏洛特会拉这根绳子,拨动我书桌旁边墙上的一只拨浪鼓,作为应答。

个案工作者同救济对象面谈后回来,按职责必须对每次访问的结果进行口述并录音。随后口述录音机的录音圆筒*被送到一个房间,在那儿录音内容会被打字机打下来,作为管理记录。有一天,我听到这间听写室里爆发出一阵响亮的大笑。有人刚刚打好了一份报告,我在其中说道,一名救济对象跟我说他正遭受痔疮之苦。我加了一句,"本工作者没有试图予以验证"。汉弗莱(Humphrey)小姐,一位端庄的黑人女士,我的顶头上司,就我必须如何更严肃地对待访谈工作,对我进行了一次严厉的训诫。

偶尔会有一名救济对象明明在家而不愿回应敲门。我有一个花招可用。我会把一只信封插在门下边,发出很响的脚步声离去,然后蹑手蹑脚地回来,用一只脚牢牢地踩住信封的一头。会有人用力拖信封,拖了几下,没用,于是门开了。这时我会说:"嗨,我是你的个案工作者。"

我经历了库克县的政治腐败事件。当时我与贾尔斯应某个人的要求去做监票员。计票在芝加哥西边的一个昏暗的小办公室里进行,一位长相甜美的老年女士手工记录着每张选票,而我与贾尔斯则在她身后越过她肩头看着。她对选民们打钩的姓名没有丝毫兴趣,而只是唱出并记下为库克县首脑人物所喜欢的政客的姓名。一名警察站在这个房间的一角,他跑过来叫我们闭嘴,因为我们一直在提请注意这位女士的行为。他要求让他知道我们在为谁工作。"库克县法院。"默尔大叫着回答。这效果不好。我们被迫选择:要么保持安静,要么被逐出这房

---

* 19世纪末20世纪初的一种声音记录器材。在圆筒的柱面上覆盖一层特制松香和蜡的混合物制成。随声音振动的针在转动的圆筒柱面刻出音轨,记录声音信息。最早由爱迪生发明。——译者

间。事后,我打电话给雇我们的人,告诉他所发生的情况。他感谢我的报告,但其他什么也没说。

赫钦斯和阿德勒的追随者们一直在猛烈抨击社会科学的教师们对哲学缺乏兴趣。一天下午,这些"阿德勒分子"发起了一个野餐会,会上唱了我们橄榄球校队队歌的一个绝妙的滑稽仿作。那首队歌是这样开头的:"为老芝加哥让旗帜飘扬……"那个滑稽仿作则如下:

> 为社会科学让旗帜飘扬,
> 事实是他们的唯一立场。
> 他们教条固执,回头无望,
> 约翰·杜威他们奉之为王。
> 实用主义者给他们领航,
> 他们呆若木鸡毫无思想。
> 再为社会科学喝彩鼓掌,
> 因为他们每人空空荡荡。

野餐会的领导者之一珍妮特·卡尔文(Janet Kalven)是一位信奉犹太教的姑娘,她在阿德勒的影响下成了一名天主教修女。来自俄克拉何马州布莱克威尔的温斯顿·阿什利(Winston Ashley)成了本尼迪克特神父(Father Benedict)——多明我会的一名牧师。温斯顿写过诗,有一些我发表在《评论》上。有大量学生,犹太教的和非犹太教的,因为阿德勒而皈依了天主教。他们导致了这样的说法:芝加哥大学是一所浸信会学院,在这里犹太教的教授给无神论者教天主教的神学*。

这所大学是由浸信会教友约翰·洛克菲勒(John Rockefeller)**创办

---

* 这句话包含无神论者和有神论者,涉及有神论中的犹太教和基督教,以及基督教中的天主教和新教(浸信会),十分有趣。——译者

** 约翰·洛克菲勒(1839—1937),美国实业家。美孚石油公司创办人。——译者

的。据说在这所大学附属的小礼拜堂,牧师必须是浸信会教友,而唱诗班会唱:"赞美真神,**油**福之根。"*这让我想起关于这所大学第一任校长威廉·雷尼·哈珀(William Rainey Harper)的一则轶事。一天,有人遇到他正穿过校园,便问他去哪儿。"去小礼拜堂,"他答道,"我们打算在那儿祈祷请求一大笔捐款。"

"那么你真的以为,"哈珀被问道,"上帝会答应你们的祈求?"

"我确实这么认为,"哈珀拍着自己的胸袋,"支票就在我这儿。"

有一天,大概是在哈珀图书馆,我正坐在温斯顿的邻座,他突然爆发出一阵大笑。他刚才一直在看一本书,说的是天主教哲学家彼得·阿伯拉尔(Peter Abelard)与他的年轻学生爱洛依丝(Héloïse)之间的浪漫情事**。这姑娘的一群亲属,在她叔父菲尔贝教士(Canon Fulbert)的带领下,闯入阿伯拉尔家,将他阉割。有些天主教史家称这段情节"很美丽"。我认为它很丑陋,很肮脏。我总是觉得阿伯拉尔的一句话很好笑,他在他著作的什么地方写道:"当我同爱洛依丝越来越缠绵时,我对哲学的兴趣就越来越小。"

温斯顿为什么大笑?他刚才看到爱洛依丝在成为修女之后写给她

---

* 原书英文是 Praise God from whom oil blessings flow。其实在正确的句子中,oil 应该是 all。两者读音相近,本书作者借以调侃。此句中文一般译作"赞美真神,万福之根"。出自赞美诗《三一颂》(Doxology),诗作者甘多马(Thomas Ken, 1637—1711),英格兰基督教圣公会教士。"三一"指圣父、圣子和圣灵三位一体,是基督教的基本教义。——译者

** 彼得·阿伯拉尔(1079—1142),法国神学家、哲学家、逻辑学家、诗人、作曲家。以对所谓共相问题的解答和对辩证法的最初使用而闻名。约1118年在巴黎讲学时与其女弟子爱洛依丝(约1098—1164)坠入爱河,生有一子。被爱洛依丝的亲属阉割后,进圣丹尼修道院做修士。爱洛依丝进了巴黎郊外的一所女修道院。两人死后合葬。关于此事,有阿伯拉尔的《劫余录》(Historia Calamitatum)以及《阿伯拉尔与爱洛依丝书信集》(The Letters of Abelard and Héloïse)。——译者

情人的一封信中，有这样一行："给出你所有能给的，其余的我会想象。"

在我先前引用的那首滑稽模仿歌曲的原版中，第五行是"伟大老男人给我们领航"。"伟大老男人"这个措辞，是指阿莫斯·阿隆索·斯塔格（Amos Alonzo Stagg），他是我们大学著名的橄榄球教练，那是在赫钦斯取消了学校的橄榄球运动而令校董们大为光火之前。赫钦斯说，橄榄球与大学的目标无论如何也搭不上关系，大学是要给学生们一种人文教育。

赫钦斯对体育几乎毫无所爱。"每当我有种冲动要做运动了，"他曾经俏皮地说，"我就躺下，让这股劲儿过去。"他喜欢其他自嘲的言辞。在同他的第二任妻子莫德（Maude）离婚之后，他说这是一个如此令人愉快的体验，他打算更经常地离离婚。

顺便说一下，莫德不仅是一位多产的小说家，而且是一位杰出的画家。她画的赫钦斯像，使这位校长的讲话录《非友善的声音》(*No Friendly Voice*)的封面优雅迷人。她与阿德勒在一本名字叫《图示学》(*Diagramatics*)的怪异小书上合作。在这本书的右页上，是莫德画的素描——各种姿势的裸体。在左页上，是阿德勒写的短文，根本没有什么意思，应该仅仅是模仿不同著名作家的风格。如果我记忆准确的话，有一段短文，开头是"哦！你是多么地蓝。哦！最后一眼"*，就是旨在对圣奥古斯丁（Saint Augustine）**做一个滑稽的模仿。阿德勒的无聊短文与其对面书页上的裸体有什么联系，我百思不得其解。

阿德勒和莫德这两人其实在曼德尔会堂***作过一个关于他们这本

---

* 原文是"O blue art thou O last"，意思不明，权作此译。——译者

** 圣奥古斯丁(354—430)，古罗马基督教思想家。教父哲学的主要代表人物。被罗马天主教会封为圣人和圣师，其理论又是新教的救赎和恩典思想的源头。在他的《忏悔录》(*The Confessions of Saint Augustine*)中，第一句就是"Great art Thou, O Lord"(你多么伟大，哦！主)。——译者

*** 曼德尔会堂是芝加哥大学的大礼堂和剧院。——译者

书的演讲,我去听了。阿德勒读一段他的短文,站在舞台另一边的莫德便在一个屏幕上亮出一幅她的画。观众中无一人鼓掌。他们显得完全不知所措。这本书是编号限量版,现在是一种收藏品了。

我还去听过阿德勒的一场辩论,也是在曼德尔会堂,对方是生物学家安东·J.卡尔松(Anton J. Carlson)。阿德勒如往常那样,一件无尾礼服,穿戴整洁。卡尔松则套着一件脏脏的实验室工作裙而来。我忘了他们辩论的是什么,但是从掌声判断,卡尔松似乎是群众选择的获胜一方。

赫钦斯和阿德勒都为大多数教师所极其不喜欢。有人曾经向我介绍过教育的疯子理论。说对于一个大学,有一个教职工是疯子,那是一件好事,因为对他那些疯狂观点的反对会刺激学生去认真思考基本的问题。阿德勒就是芝加哥大学的疯子。

赫钦斯虽然不怎么疯,但他试图像一名独裁者那样来管理大学。一天下午,他送了封信给著名物理学家阿瑟·霍利·康普顿(Arthur Holly Compton),要他立即来他的办公室。康普顿迅速回了个条子,说如果校长要看他,应该来**他的**(康普顿的)办公室。

有些教职工与赫钦斯十分对立,他们写文章,甚至出书,来攻击他。哈里·吉迪恩斯(Harry Gideonse),一名社会科学家,出版了一本小篇幅的书猛烈攻击赫钦斯,并去了另一所大学,使自己与赫钦斯保持距离。赫钦斯的另一个敌人,哲学家杜威,则在印刷品上攻击他。当赫钦斯校长最终逃离芝加哥,去运作他所谓的民主制度研究中心(一个加利福尼亚州的智库)时,教师们长舒了一口气,如释重负。说来好笑,这个中心的资金来自一本畅销书的版税。这本书是由出生于伦敦的亚历克斯·康福特(Alex Comfort)在这个中心的时候撰写的,书名叫《性爱的乐趣》(*The Joy of Sex*),配有丰富的色情艺术插图。康福特后来起诉这个中心,说中心没有从版税中分给他那份他认为公平的份额。中心反诉,声称康福特故意出版了他那本书的一个改动甚多的修订版——《性爱乐趣多多》(*More Joy of Sex*），就是为了减少第一本书的销售。康福特与这个中心的争执闹得很激烈。

当第二次世界大战正在启动的时候，令每个人都感到惊奇的是，赫钦斯表现出对美国介入冲突的强烈反对。他作了一次广播演讲，一开头用了这样的句子："美国正准备自杀。"在学校里，赫钦斯的主要反对者不是别人，正是他的朋友麦基翁。麦基翁紧接着赫钦斯的广播讲话发表了他自己的广播演讲，强烈地批评了赫钦斯的孤立主义。

同麦基翁一样，赫钦斯也羞于让人知道他的基本宗教信仰，尽管他明确表示自己是一个有神论者。他喜欢说，没有上帝慈父般的爱，就不可能有人们的兄弟情谊，这是自由派新教领袖们喜爱的一句格言。有一次赫钦斯在曼德尔会堂的餐厅对学生们作了演讲后，回答大家的提问。我站起来问他是否会介意披露他的基本信仰是什么。他说"是"，然后指着另一名学生要下一个问题。

我在芝加哥的日子里的一个亮点是，我同文森特·斯塔雷特(Vincent Starret)*共进了午餐。斯塔雷特当时是《芝加哥论坛报》(*Chicago Tribune*)星期日图书评论副刊的一名专栏作家。我极其赞赏他对福尔摩斯经典的先驱性研究《歇洛克·福尔摩斯的私生活》(*The Private Life of Sherlock Holmes*)。我还赞赏他的诗。许多年之后，我会在我的《注释版猎鲨记》(*Annotated Hunting of the Snark*)的引言中引用他的诗《前兆》(*Portent*)（"重重的，重重的——就在你头的上方"）。再后来，在我的小说《来自奥芝国的访客们》中，我会让白骑士唱下面的抒情诗。斯塔雷特称它为《最后》(*Finally*)，但是我更喜欢《然后》(*Then*)这个名称。

---

* 文森特·斯塔雷特(1886—1974)，出生于加拿大的美国作家、编辑。以对小说人物福尔摩斯的研究闻名。有侦探小说、超现实主义小说以及诗歌方面的作品多种。1958年获美国悬疑小说家协会的大师奖。——译者

> 当你觉得美德让人烦透，
> 而且我也讨厌罪孽缠纠，
> 又没留下什么害你无由，
> 更没留下什么胜人一筹，
> 或许，真是胆大如斗，
> 你的眼睛将会问我——
> 但我该关心着哪一头，
> 是玫瑰，还是葡萄酒？

这是那些在其意思和结构的协调上无懈可击的珍稀抒情短诗中的一首。没有一行诗能再予改进。当我告诉文森特这首诗可以用《当爱尔兰人的眼睛在微笑》(When Irish Eyes Are Smiling)的曲调演唱时，他很高兴。确实，这是白骑士把这首歌演唱给艾丽丝听时所用的曲调。我应该解释一下，在我的奥芝国幻想中，艾丽丝的奇境和那面镜子背后的巨大棋盘*其实都在奥芝国的地下，艾丽丝在两个魂游体外的梦中游历了这些地方。

斯塔雷特知道我热爱绿野仙踪童话图书、赞赏鲍姆之后，就给了我一本鲍姆的匿名成人小说《最后的埃及人》(The Last Egyptian)。他在午餐时跟我说，一位出版商要他在埃德加·华莱士(Edgar Wallace)**那些写不完的悬疑小说中选一本写引言。特塔雷特问我他该选哪本。我强烈推荐《绿箭侠》(The Green Archer)，我认为这是华莱士最优秀的悬疑小

---

* 在《艾丽丝镜中奇遇记》中，艾丽丝来到镜中世界，看到田野被笔直的小溪和小绿树篱笆分成一块一块的方格，整个世界就是一个巨大的棋盘，人人都是棋子，艾丽丝也成了一枚棋子……——译者

** 埃德加·华莱士(1875—1932)，英国小说家、编剧。作品甚多，广受欢迎。主要有《恐怖》(The Terror)、《十三号房》(Room 13)、《金刚》(King Kong)、《四位正直的人》(The Four Just Men)。——译者

说。斯塔雷特接受了我的建议。我看他根本没去读这本书,因为他的引言一点儿也没讨论这本小说,而是完全在说华莱士!关于我对这本书的喜爱,以及我想写一个紧接着它的续集的图谋,见我的文集《宇宙比黑莓更加致密吗?》(*Are Universes Thicker than Blackberries?*)。

这里是斯塔雷特的被人们记住的最佳诗作:

221B*

两个著名男人,仍住这里,共度时光,
他们从未存在,因而也永远不会消亡;
他们似乎非常之近,然而那个时代,
世界尚未完全错乱,如今却那么渺茫。
但是对于有些人,狩猎仍在进行,
他们的耳朵,灵敏得听见远处猎人的叫嚷。
不过英国仍是英国,尽管我们十分恐慌——
那些事情,只有内心相信,才是真相。

一缕黄色的烟雾,缭绕着飘过格窗,
夜幕已降临到,这条传奇的大街上;
一辆双座马车,泥水四溅,雨中独闯,
幽灵般的煤气灯,二十英尺外,便黯然无光。
这里,即使世界炸毁,这两人安然无恙,
而且,一八九五年,时间永驻,岁月难忘。

我住在这座风之城的日子里,过着一种奇特的双重生活。一个是以这所大学和我在那儿的朋友为中心的生活,另一个是魔术世界,以那

---

* 在福尔摩斯探案小说中,福尔摩斯和华生住在伦敦贝克大街221号B。——译者

些只有当我离开校园所在地区,搭乘 I.C.(伊利诺伊中央铁路的火车)去卢普区才能看到的朋友们为中心。我的卢皮朋友们,也是职业的或业余的戏法大师。

我荣幸地认识了芝加哥所有的魔术师:沃纳·多恩费尔德(Werner Dornfield)、约翰尼·普拉特(Johnny Platt)、保罗·罗西尼(Paul Rosini)、埃迪·马洛(Eddie Marlo)、卡尔·巴兰蒂尼(Carl Ballantine)、伯特·阿勒顿(Bert Allerton)、保罗·勒保罗(Paul LePaul)、杰克·格温(Jack Gwynne),还有其他许多位。他们定期在卢普区的一家餐厅聚会,共进午餐。

我记得有一天下午,巴兰蒂尼邀我同他一起去卢普区一家以歌舞杂耍为特色的剧院。我们去看雷德·斯克尔顿(Red Skelton)*的一场难得的魔术表演。他那伟大的开场是大步走到舞台中间靠近脚灯的地方,然后掉进乐池!他表演中的一个亮点是耍弄魔术师所谓的"Passe-Passe瓶"**。

雷德的喜剧表演之后,一个穿着长长裙服的女人在一盏聚光灯的照射下突然唱起了一首歌剧咏叹调。巴兰蒂尼对我耳语道:"她穿着溜冰鞋。"果然不错,她演唱完毕鞠了一躬,便撩起衣服,溜冰下场。几分钟后,她回到舞台,表演了一段动人心魄的溜冰!那个时候,巴兰蒂尼正在开始他的魔术喜剧表演生涯。后来他转战好莱坞,在那里他在数不胜数的影片里担任角色。

在那些日子里,魔术师们常去的地方是乔·伯格(Joe Berg)的魔术商店,在卢普区北端。我为乔代写了《这里是新魔术》(*Here's New Mag-*

---

* 雷德·斯克尔顿(1913—1997),美国演员。被誉为"美国小丑王子"。在音乐喜剧片《出水芙蓉》(*Bathing Beauty*)中饰男主角。——译者

** Passe-Passe,法文,即"魔术""戏法"的意思。Passe-Passe瓶是一种魔术道具,用来表演瓶子在被一个套筒套住的情况下仍可隐身挪移到另一个套筒中。——译者

ic)。这本书早已被遗忘,但包含着一些极好的想法。其中有一种在一根绳子上打结的方法,打结时似乎绳子两端都可以不放手。它优于老式的猎人结,但鲜为人知。乔的手帕结或丝绸结十分漂亮。你把它越抽越紧,它突然一下子解开了。乔是怎么想出来的,我百思不解。我曾经在一次聚会上有幸把它表演给魔术师卡迪尼(Cardini)*看,那是在戴利医生(Doc Daley)**的卡茨基尔山避暑别墅中。卡迪尼问这个结是否有一个好的"预设"(将戏法布置或设置成一种非寻常的状态,以使戏法表演成功)。我说没有。当时韦尔农在场,他很快就想出了一个聪明的预设,但如今我再也记不起来了。

芝加哥还有一家魔术商店,那是劳里·爱尔兰(Laurie Ireland)开的,在卢普区外北克拉克大街的一幢无电梯公寓里。爱尔兰有一种古怪的幽默感。有一天,我注意到在一个柜台的玻璃下,有一个空的透明盒子。爱尔兰在它旁边放了一张卡片,上面写着:"隐形证件"。

一位很有魅力的年轻姑娘,名叫弗朗西丝(Frances),被爱尔兰雇来在店里做保洁。没过多久他们就结婚了。在爱尔兰最后酗酒的日子里,弗朗西丝很好地照料了他。后来她嫁给了魔术师杰伊·马歇尔(Jay Marshall),他们俩经营着一家现在仍叫"魔术有限公司"的邮购商店,从他们在芝加哥北边的仓库和家发货。这是杰伊的第二次婚姻,也是一次更幸福的婚姻。他的前妻是魔术师阿尔·贝克(Al Baker)的女儿。

弗朗西丝写了一本讨人喜欢的自传,其开头第一行就十分伟大:"我曾经17岁。"杰伊、弗朗西丝和爱尔兰,是我十分欣赏的三位朋友。

---

* 卡迪尼(真名 Richard Valentine Pitchford,1895—1973),出生于英国的美国魔术师,擅近景魔术。1970年获美国魔术艺术学院大师奖。——译者

** 戴利医生,即雅各布·戴利医生(Dr. Jacob Daley,1897—1954),出生于俄国的美国业余魔术师。本职是整形外科医生。擅纸牌魔术。有他人抄录整理的魔术著作《雅各布·戴利的笔记本》(Jacob Daley's Notebooks)传世。——译者

第九章

芝加哥（Ⅱ）

本·赖特曼（Ben Reitman）医生是我旁听的一门社会学课的客座讲课者。这门课是由欧内斯特·沃森·伯吉斯（Ernest Watson Burgess）教授执教的。本的讲课一开头是："我不想要你们任何人认为我是一个共产主义者。我只是一个无政府主义者。"现在我能记得的他接下来的所说，全部都是关于他和埃玛·戈德曼（Emma Goldman）这位最著名的女无政府主义者之间那激情四射的爱情故事（持续了有10年）。他们分手的主要原因是，他要孩子而她不要。后来本通过若干次婚姻有了一个儿子和四个女儿。

我与本还有两次接触。一次是伯吉斯说服他带领全班去芝加哥衰败中的西部，参观一下那里的廉价旅馆。我参加了。另一次是我完全出于好奇心，去探访在这个城市北部举行的一次无政府主义者集会。本是演讲者。这是一次寒酸可怜的小集会，只有约20个人出席。本在演讲结束后，把他的帽子给人们传递。我扔了一张一美元的纸币。

本名字后面的"医生"是合法的。他是一位货真价实的医学博士。我同他相遇的时候，他在库克县做这个城市的妓女们的医疗检查员。他作为一名浪迹天涯的流浪者度过了他青年时代的大部分时间后，以"流浪汉医生"而闻名。本出版了两本不同寻常的书，《次古老的职业》（*The Second Oldest Profession*），以及《路上的姐妹们》（*Sisters of the*

Road)，此书说的是大篷车伯莎(Boxcar Bertha)*的一生。最古老的职业是卖淫，次古老的职业是拉皮条。本的传记出版了好几种。埃玛在她1951年的自传《活出自我》(Living My Life)中，详细地写了本。1972年的电影《冷血霹雳火》(Boxcar Bertha)大致根据《路上的姐妹们》改编，由马丁·斯科塞斯(Martin Scorsese)**导演，芭芭拉·赫希(Barbara Hershey)和大卫·卡拉丁(David Carradine)主演。

"天文学101"是我选的一门学分课程。它由埃德温·麦克米伦(Edwin McMillan)教授执教。他是一位优秀的教师，但是他有两个偏见。他认为女人在智力上不如男人，而且他确信爱因斯坦的相对论是胡说八道。他甚至写了一本书来攻击这个理论，书名我再也想不起来了。

英语系的罗纳德·克兰(Ronald Crane)在芝加哥亚里士多德批评学派的领袖人物中仅次于麦基翁。我旁听了他的一些课，主要都是讨论菲尔丁(Fielding)的小说《汤姆·琼斯》(Tom Jones)的。这促使我画了一幅克兰的滑稽漫画，发表在校园幽默杂志《凤凰》(Phoenix)上。后来我念了一门关于这个批评学派的学分课程，由克兰和麦基翁执教。亚里士多德批评学派的学说相当模糊。据我所知，这个流派此后就逐渐消亡了。

康普顿，这位著名的物理学家、诺贝尔奖获得者，开了一次讲座，我去听了。他描述了他的一个发明，那是一个巧妙的装置，可以证明地球在自转，而且可以指示朝北的方向。这个设备是一个大的圆环形玻璃管子，充满了水，水中悬浮着物质粒子。把这圆环形水管竖立在那儿，不去管它，直到它旁边的一台显微镜检测不到任何一个粒子在运动。如果这圆环形水管正好妥帖地位于一个东西向的竖直平面上，那就把

---

* 大篷车伯莎，一个虚构的人物，一名列车女贼。《路上的姐妹们》是假托她口气写的一部伪自传。——译者

** 马丁·斯科塞斯(1942—)，美国电影导演。以翻拍自《无间道》的《无间行者》(The Departed)获第79届奥斯卡金像奖最佳导演奖。——译者

它绕其水平轴突然翻转180度,地球的自转会导致这些粒子发生缓慢的漂移。它们漂动的方向提示了这圆环形水管的哪一侧是朝北。*

康普顿的讲座结束后,我走到他那儿,提了一个问题。我说,假设将这水管绕其水平轴翻转后,你再把它绕其**竖直**轴翻转180度,然后不断翻转,而所绕的轴则水平竖直地交替变化着。难道这不会增加水管中水流的速度吗?康普顿从口袋中取出一枚50美分的硬币,用拇指和食指拿住,并把它绕那两根轴旋转。他显得有点困惑,把硬币放回口袋,说这个问题他得去想一想。我的设想是不会有效的,但是我很惊奇,康普顿居然没有想到过这一点。

康普顿是位虔诚的自由派浸礼会教友。在他的一本书中,他把来世比作吹熄了一支蜡烛,然后又把它点亮。那个时候我认为这是个不坏的比方,但是这让教师里世俗的人文主义者对他发出了刺耳的嘲笑。

哈茨霍恩教授的课被我选为学分课程。他在哲学圈子最有名的事就是他与保罗·韦斯(Paul Weiss)**合作主编了一套书,这套书把查尔斯·皮尔斯(Charles Peirce)***的几乎所有发表的和未发表的文章都收集了进来。皮尔斯是詹姆斯的朋友,詹姆斯的著作《信仰的意志》(*The Will to Believe*)就是献给皮尔斯的。皮尔斯觉得詹姆斯歪曲了他的术语"pragmatism"(实用主义),他对此十分愤怒,以致他把它改为"pragmaticism"(实效主义)。他认为这个词如此丑陋,不会有人把它偷走。

---

* 关于康普顿的这个实验,这里的叙述似简略了些,而且不太准确。读者欲知其详,可参见《物理实验》2012年第7期上周金蕊和尹晓冬的文章《康普顿早期验证地球自转的"水管"实验》。——译者

** 保罗·韦斯(1901—2002),美国哲学家。创建美国形而上学学会。——译者

*** 查尔斯·皮尔斯(1839—1914),美国哲学家、逻辑学家。实用主义哲学的创始人。提出任何一个概念的全部内容和意义在于它所能引起的效果,此即实用主义的基本原则。——译者

哈茨霍恩是某种类型的泛神论者，究竟是什么类型我也从未完全明白。他相信上帝正在及时地进化，这是所谓的过程神学家以及像塞缪尔·亚历山大(Samuel Alexander)*和怀特海这样的哲学家所奉的一个信条。上帝在能力和知识上都是有限的。未来不是注定的，这部分是因为我们拥有自由的意志，部分是因为位于量子力学核心的随机性。哈茨霍恩相信所有的生命都具备某种程度的意识，有些动物，特别是孔雀和花亭鸟**，有着一种模糊的审美意识。他喜欢把鸟鸣的录音带到他的课堂上。

哈茨霍恩是个古怪的人，他活到了103岁。虽然他写了许多书，但他如果带出了什么有名的弟子的话，我也没听说过他们。物理学家弗里曼·戴森(Freeman Dyson)***对哈茨霍恩的看法表示赞赏，但我不知道其中有多少为他所接受。

我坚决不同意哈茨霍恩的几乎所有的观点。例如，他认为皮尔斯关于第一性、第二性、第三性的概念是对哲学的一个不朽贡献。我看不出有什么好的理由要止于第三性。为什么不可以有第四性、第五性，等等？哈茨霍恩也属于那一小撮觉得圣安瑟伦(Saint Anselm)****对上帝存在的本体论证明为有效的思想家。这证明确实正确地维护了这样的主张：一个存在的上帝比一个不存在的上帝更加完善。但是从一个完

---

* 塞缪尔·亚历山大(1859—1938)，英国哲学家。新实在论的主要代表人物之一。主张"层创进化论"，进化的最高层是"神"。——译者

** 澳大利亚的一种鸟。其雄鸟能在地面营筑各式各样的花亭，吸引雌鸟。——译者

*** 弗里曼·戴森(1923—2020)，出生于英国的美国物理学家、数学家。除在量子电动力学、固态物理学、天文学、核工程方面的成就外，还以畅销全球的科学普及著作，如《宇宙波澜》(Disturbing the Universe)等而闻名。——译者

**** 圣安瑟伦(1033—1109)，欧洲基督教思想家。生于意大利，卒于英格兰。经院哲学的创始人之一。以对上帝存在的本体论证明闻名。——译者

善存在的上帝的**概念**到一个**实际的**上帝,这跳跃是如此巨大,甚至连阿奎那都不认为这证明是有效的。哈茨霍恩写了一整本书来为安瑟伦辩护!

哈茨霍恩还持有关于来世的一种奇怪的信仰。关于永生,他说到,我们将一直是曾经活过和死过的人,我们的存在牢牢地固着在上帝的心中。显然,他从这个看法中取得了某种类型的空安慰。

我逐渐了解的另一位教授是莫里斯。由于皮尔斯对符号学的先驱性研究,他对皮尔斯极其崇拜。符号学即符号的理论,莫里斯在这个领域作出了重要的贡献。他喜欢画示意图:在一个三角形的中心标上"sign"(符号),而在这个三角形的三个角上分别放上单词"semantic"(语义学的)、"linguistic"(语言学的)和"pragmatic"(实用主义的)。语义学涉及符号在外部世界表达的是什么,语言学涉及符号与其他符号的关系,实用主义涉及符号对人类行为的影响。莫里斯还对卡尔纳普和杜威都极其崇拜。他能够使卡尔纳普相信:这两人的哲学没有基本的差别。关于卡尔纳普,我在后面的某一章中还有话要说。

在一所著名大学做学生,愉快的事情之一是常有些名人来这里开讲座。在我的记忆中,有两次演讲令我印象十分深刻。一次是诺曼·托马斯(Norman Thomas)*,一次是作家马克斯·伊斯门(Max Eastman)**。托马斯的讲座实际上是在学校小礼拜堂进行的一次布道。他的论题是"活着的权利"。他提醒听众,每年有几百万儿童,其中大多数在非洲,死于饥饿。现代农业如今是那么先进,根本没有什么站得住脚的理由

---

* 诺曼·托马斯(1884—1968),美国政治家、社会改革家。社会主义者。被誉为"美国的良心"。曾在纽约城黑人居住区的教堂做牧师。1928年至1948年,连续六次被美国社会党提名竞选美国总统。——译者

** 马克斯·伊斯门(1883—1969),美国诗人、编辑。一战前后的激进派领导人。曾经信仰共产主义。作品有《诗歌欣赏》(*The Enjoyment of Poetry*)等。——译者

可以说明，为什么不能生产足够多的食物来扶持地球上每一个男人、女人和儿童的生命。然而莫名其妙的是，世界居然不能让食物有个合理的分配，以使几百万儿童免于失去他们活下去的权利。这是一个简明的、强有力的批判性观点，听众中爆发出一阵热烈的掌声，我怀疑这在小礼拜堂的历史上是第一次。

几年后，我在纽约城的一次辩论会上听到了托马斯的讲话。他走路很困难。他艰难地慢慢走到讲台那儿，说了两个词，"蠕动蔓生的社会主义"(Creeping Socialism)，就博得了满堂喝彩。当我在打字机上打下本章时，民主社会主义仍在蠕动蔓生。为了刺激一个昏昏欲睡的经济，面对可能发生的经济萧条[作为乔治·W.布什(George W. Bush)*拒绝调整股票市场的一个后果]，贪婪占了上风，迫使格局大规模地转向政府干预。"我高估了市场的自我调节能力。"艾伦·格林斯潘(Alan Greenspan)**在他的一次难得可以理解的评论中说。尽管很难相信，但保守派对病态的经济只有一个补救方案——降低对富人的税收！

右翼的共和党人把巴拉克·奥巴马(Barack Obama)的计划看成是一种蠕动蔓生的社会主义，这是正确的。美国将设法以某种方式把经济回复到它以前那种相对无拘无束的状态吗？时间会告诉我们。

我能清晰地回忆起来的另一个讲座，是伊斯门对现代诗歌的攻击。伊斯门先是念了他的几首诗，尤其是《玻璃鱼缸》(The Aquarium)，它的开头几句是：

> 银鱼们平静地滑翔在水里，
>
> 嘴唇紧闭，苍白无力，两眼惊奇……

---

* 即美国第43任总统小布什(1946—)，2001年至2009年在任。——译者

** 艾伦·格林斯潘(1926—)，美国联邦储备委员会主席(1987—2006)。任期跨6届总统。被认为是美国国家经济政策的权威和决定性人物。——译者

它们没有去路,不知游向何地,

它们如同水般,来回地游弋。

然后伊斯门把关注点转向现代诗歌。他念了一首诗,说是 E. E. 卡明斯(E. E. Cummings)*的。接下来他念了一些句子,说摘自一个疯子的胡言乱语。他要求,觉得卡明斯的诗更为赏心悦目的人请举手。几只手举了起来。这时伊斯门揭底:他刚才把这两段摘录对换了!

几年后,我对读者玩了同样的鬼把戏。我以格罗思做笔名为《纽约图书评论》写了一篇对我刚出版的《一名哲学写手的为什么》进行严厉攻击的文章。我引用了一首抒情诗,我瞎说是威廉斯写的,叫《红色手推车》(The Red Wheel barrow)。然后我问读者是不是觉得这首诗优于我写的某首打油诗啊。同伊斯门一样,我残忍地将这两首诗对换了。这里的《红色手推车》,是我对威廉斯一首著名的同名诗的滑稽仿作,而我所说的打油诗实际上是威廉斯一首诗中的几行诗句。我的骗局有多成功,我没有办法知道。但是我推测有许多读者在这上面折腾了一番。有位朋友后来告诉我,他对此讨厌之极,停止读我的书评,并决定不买我的书了。

托马斯·弗诺·史密斯(Thomas Vernor Smith),人们常称他 T. V.,是一位多姿多彩的哲学教授,我选了他的一门课。他后来成了一名来自伊利诺伊州的国会议员,在雪城大学走完了他的一生。史密斯喜欢在他的课上念诗。有一天他把课时花在桑德堡的《人民,好啊》(The People, Yes)上。我深受感动,买了一本这书。我每过一两年就带着愉快的

---

* E. E. 卡明斯(1894—1962),美国诗人、作家。他的作品不用标点,也不用大写字母,例如喜欢称自己名字为 e. e. cummings,在主题、语言、排版排式上也别具一格,被称为"现代巴洛克式风格"。——译者

心情读一遍。桑德堡,还有斯蒂芬·克莱恩(Stephen Crane)*,是我赞赏的两位美国诗人,虽然他们写的是自由诗——一种我平时厌恶的诗歌形式。

《评论》出资为桑德堡在曼德尔会堂举办了一次讲座。桑德堡演奏了吉他,并唱了他的书《美国歌袋》(The American Songbag)中的歌。他那时住在芝加哥南面的一个城镇里,我偶尔看见他乘坐 I.C.(伊利诺伊中央铁路的火车)从他家去卢普区。许多年之后,我和我妻子住到北卡罗来纳州阿什维尔市的一个郊区亨德森维尔,桑德堡和他妻子已在那里的一家山羊养殖场定居。

一天,史密斯对班上学生念了莎拉·蒂斯黛尔(Sara Teasdale)**的一首抒情诗。我感触颇深,我不但记住了它,而且如今仍能逐字逐句地复述它。这是一首完美的诗。没有一个词因不妥帖而需要改变,没有一行句子似被硬凑以适合音乐:

> 当我不再把我的翅膀,
> 撞折在事物的缺陷上,
> 而且知道和解就等在
> 每扇难开的大门后方,
> 当我变得冷静、沉着、睿智,
> 能够正视生活的状况,
> 生活将会给我真理,
> 换走——我的青春时光。

---

* 斯蒂芬·克莱恩(1871—1900),美国作家。著有小说、散文、诗歌等。代表作有长篇小说《红色英勇勋章》(The Red Badge of Courage)等。——译者

** 莎拉·蒂斯黛尔(1884—1933),美国女诗人。作品具有古典式的质朴风格,言简意赅。主要作品有《江河归大海》(Rivers to the Sea)、《奇怪的胜利》(Strange Victory)。48岁时因身体和精神方面的原因自杀。——译者

史密斯还念了一位不出名的诗人的不止一首诗。这位诗人名叫杰米·塞克斯顿·霍姆(Jamie Sexton Holme)，她上过史密斯的一门课。在写这本自传的过程中，我在谷歌上查了她的姓名，知道她有三种书正以低得荒谬的价格在销售。我每种都买了一本。1935年出版的《我一直是个朝圣者》(*I Have Been a Pilgrim*)，是献给"三位朝圣者伙伴"的，他们的姓名都只用首字母给出。其中的一位是T.V.S.，肯定是T. V. 史密斯了。可见史密斯与霍姆一定是朋友。

在她的另一本书《星星采集者》(*Star Gatherer*, Harold Vinal, 1926)中，我最喜欢的诗是《春困》(Spring Fever)。这可能是史密斯念给他班上学生的一首诗。不管怎样，下面就是这首诗。批评家们会嗤之以鼻，因为它有一种固定模式，但你不必理会他们。

> 早春时节，做个好妻子真难，
> 天是那么的蓝，蝴蝶飞得正欢。
>
> 我的孩子太可爱，我的男人是个好男，
> 但是一眨眼就过了新年，来到春天，
> 大地萌发，绿色世界生机盎然，
> 我要像风那样自由地四处游玩！
>
> 我要去应答一只怪鸟的呼唤，
> 不会回来，什么事都不想管，
> 只是像一头年轻的野鹿，飞驰如箭，
> 来到远远的绿茵山坡，一道瀑布旁边。
>
> 我会在一块温暖的白石上坐一整天，
> 有一大段时间让我一个人孤芳自怜！
>
> 我完全不应该关心谁去铺整羽毛床垫，

或去准备正餐,或洗涮那小小的脑袋。
因为我应该听褐色种子们与草叶们的聊天,
并且看那颤杨丛中,一头红色的鹿在悠闲。

黄昏到来,我会听到小小爬虫的耳语私谈,
而我上方的树枝上,那鲜亮的翅膀在扑扇。
这温暖的土地,我会把耳朵紧紧贴在上面,
她将不会再有什么秘密,我居然不能听见。

我会倾听灌木丛中小东西的动弹,
而且既与星星又与蟋蟀同样做伴!

月儿高挂,我才起身把家还,
回到家我也不愿去床上舒坦,
而是坐在门槛上把夜晚凝看——
如此皓月当空,谁能入睡安眠?

我的孩子太可爱,我的丈夫是个好男,
但在一年之春,做个好妻子真难!

  我在这儿引述这首诗,是因为我认为霍姆就像几千位其他卑微的诗人(朗费罗这样称呼他们)那样,应该被人们记住。霍姆在密西西比州长大,后来同她的丈夫彼得·霍姆(Peter Holme)移居科罗拉多州。除此之外,我一无所知*。

  我获得哲学学士学位后,便设法弄到了在芝加哥神学院学习一年的机会。这是一所设在校园里的学校,与芝加哥大学神学院有密切的

---

* 据查,杰米·塞克斯顿·霍姆于1950年6月13日逝世于美国科罗拉多州丹佛,终年57岁。——译者

关系。奖学金是通过保克教授的一份推荐信而得来的。保克是一位德国神学家,他写了第一本关于巴特的英文版图书。我在此前的一章中说到过,它的书名中有个问号:《卡尔·巴特,一种新基督教的先知?》。那个时候,我正挣扎着找一种方式来拯救我对基督教的一种苟延残喘的破碎信仰,保克的这本书,同一本关于巴特布道的书一起,来得正是时候。巴特不是一名原教旨主义者,但他确信德国的路德教会已经偏离路德神学的核心太远了*。

我发觉巴特的说法很有启发性,有一个短时期,我认为自己是巴特的一名信徒。这是在莱因霍尔德·尼布尔(Reinhold Niebuhr)**让我相信保克问题的回答是"不"之前。顺便说一下,约翰·厄普代克(John Updike)***经历了一个类似的迷恋巴特的时期。他的喜剧小说《很久》(*A Month of Sundays*)写的是一个有着性问题的牧师,他是巴特的信徒。(参见我在《序和惊奇》中重印的书评。)

我的小说《彼得·弗洛姆的出走》中有一章是讲保克的。我称他Von Cloven****,因为他(至少在我认识他的时候)持有一种类似异端邪

---

* 这里提到的路德是指马丁·路德(Martin Luther,1483—1546),欧洲宗教改革运动的发起者,基督教新教路德宗的创始人。他否定教皇权威,强调因信称义,认为人要得到上帝的拯救,不在于遵行教会规条,而在于个人对上帝的笃信。——译者

** 莱因霍尔德·尼布尔(1892—1971),美国基督教新教神学家。新正统派神学的主要代表人物。将流行于欧洲的基督教现实主义思潮引入美国。——译者

*** 约翰·厄普代克(1932—2009),美国作家。主要代表作为"兔子"五部曲:《兔子,跑吧》(*Rabbit, Run*)、《兔子归来》(*Rabbit Redux*)、《兔子富了》(*Rabbit Is Rich*)、《兔子歇了》(*Rabbit at Rest*)和《记忆中的兔子》(*Rabbit Remembered*)。——译者

**** Von常用于德国人姓名中,保克是德国人,所以在他名字上加个Von。Cloven是cleave的过去分词之一,义"一劈为二",暗示保克信奉的聂斯脱利派把耶稣与基督强行分开(见下文)。——译者

说的信仰,即聂斯脱利(Nestorius)*派的教义。这个信仰认为,作为人的耶稣与三位一体中的基督完全不是一回事。后来保克写了一部2卷本的蒂利希传记,我很惊愕。我觉得意外是因为我认为蒂利希是个假冒的基督徒。他曾经上过《时代》周刊的封面,他被这家期刊奉为伟大的新教神学家,事实上当时他既不相信有来世也不相信有一个人性化的上帝,而这是基督教教义核心的两个信条。

蒂利希不大用到《旧约全书》中的耶和华,或者《新约全书》中三位一体的上帝。他把上帝定义为"存在"(Being),是世界各宗教的"诸神背后的神"。他的神学太接近无神论,以致胡克写了一篇著名的论文,名叫《保罗·蒂利希的无神论》(The Atheism of Paul Tillich)。巴特曾经说他不过是个"新闻记者"**。由于没人会否认"存在"是存在的,所以这个花招(正如胡克所注意到的)就当然地使每个人转而相信蒂利希那隐晦的泛神论了。蒂利希的一贯好色,被他遗孀汉娜(Hannah)写的一本书所描述,甚至涉及肮脏的细节。她说她不得不相当频繁地解雇女管家,因为她的丈夫总是试图勾引她们!

我曾经听蒂利希与胡克辩论。胡克说同蒂利希就他那隐晦的哲学进行争论,就像用拳猛击一只枕头。蒂利希每次只要改变一下他的姿态***,就把来拳简单地化解了。辩论到某个点上时,蒂利希朝着胡克的方向挥手说:"那儿坐着我所知道的最神圣的人之一。"胡克是位忠贞不移的无神论者,对此他只好报以苦笑。

---

* 聂斯脱利(约380—约451),君士坦丁堡大主教。出生于叙利亚。倡立聂斯脱利派。认为耶稣基督的"神性"与"人性"不是结合于一位,而是分为二位。被当时基督教其他教派判为"异端",但1994年罗马教廷与信奉该教派的叙利亚基督教会联合声明,结束神学争论。曾于唐代传入中国,称"景教"。——译者

** 原文是journalist,或指蒂利希会摆弄文字。——译者

*** 原文是shape。双关,既指枕头的形状,又指蒂利希的身姿。——译者

还有一次我在芝加哥大学神学院听蒂利希的讲座。现在我所能记得的只是讲座完后我握了蒂利希的手,并告诉他,我正在念他的朋友哈茨霍恩的一门课。蒂利希纠正了我的发音。他说,在德语中,这个姓念作哈茨-霍恩(Harts-horn)*。

---

* 作者可能把Hartshorne(哈茨霍恩)按英语习惯念成Hart-shorne(哈特-肖恩)了。——译者

第十章

我成了一名新闻记者

读了一年研究生的课业之后,我确信自己根本没有去教哲学的欲望。我想做作家。看到追求更高的学位也没什么意思,我便离开大学回到了塔尔萨。

我爸爸有位朋友,是爱尔兰人,名叫安迪·罗利(Andy Rowley),那时在《塔尔萨论坛报》(*Tulsa Tribune*)做石油业版块的编辑。当他跟我父亲说他需要一名助理时,爸爸就推荐了我。经罗利面试后,我被这家《论坛报》录用,薪水是每星期15美元。我主要的工作是每天跑塔尔萨(那时被称为"世界石油之都")的所有石油营业所,调查钻井的状况。我会报道激动人心的新闻,诸如海湾石油公司在某某地方的油井,已经钻到了如此这般的深度。星期天,我从我在各个营业所同所遇到的人进行的交谈中选取新闻,编排一个漫谈专栏。

偶尔,我会被委派去做一个专题报道。例如,我采访了一名在玻璃鱼缸中的年轻女子。奥芬剧院当时正在大力宣传一部影片,它的大厅中放了一只硕大的玻璃鱼缸,一位穿着暴露的姑娘好像坐在里面。我们谈了些什么我根本记不起来了,我从来没有希望我的这篇采访被保存下来。

有一项更为重要的委派,是到一家地震仪公司的一所新开张的营业所去采访那里的雇员们。那个时候,地震仪正在慢慢地成为石油勘探的一种必需的工具。石油通常在石灰岩穹窿下被找到。地下水把石油向上冲,结果使得石油被困在穹窿底下。地震仪引发一些爆炸,然后记录声波反射回来所花的时间,从而探测到一个穹窿。如果找到一个穹窿,那么它下面可能有也可能没有石油。如果没找到穹窿,那就没有必要去钻一口探井了。

我逐渐与这家地震仪企业的两位雇员混熟了。一位是汤姆·吉尔马丁(Tom Gilmartin),来自英国的一位物理学家。有一段时间,他同他的妻子和孩子们住在我家车库楼上的一个套间里。吉尔马丁搬到新家去后,这个套间就租给这家地震仪公司的另一位雇员,布鲁诺·蓬泰科尔沃(Bruno Pontecorvo),以及他的妻子和孩子们居住。布鲁诺是一位物理学家,他早先在意大利是恩里科·费米(Enrico Fermi)的助手。他似乎完全不关心政治,从不谈论政治或经济。他离开塔尔萨后,在美国这儿和加拿大以及英国的几家核物理实验室工作。1950年,布鲁诺及其一家突然离开罗马(他们是去那儿度假的),乘上一架飞机去了苏联。在那儿他被委任为苏联核能计划的负责人!没有证据表明布鲁诺曾经是个间谍,但是人们发觉原来他的弟弟在法国共产党中一直很活跃,而布鲁诺长期抱有亲斯大林主义的同情心。

在定居俄罗斯之前,布鲁诺对核科学作出过重大贡献,尤其是他关于中微子不断地在三种不同形式之间振荡的理论。我还记得吉尔马丁刚得知布鲁诺叛逃时那种震惊的样子。

我的另一个为这家地震仪公司工作的朋友是雅各布·诺伊费尔德(Jacob Neufeld),一位波兰数学家,但他阅读和说话都是俄语。他也被布鲁诺的叛逃弄得大惊失色。诺伊费尔德后来加入了橡树岭的实验室[*],他在那儿的主要工作是翻译俄语论文。他曾经向我提供了一些俄语文

---

[*] 即美国橡树岭国家实验室,在美国田纳西州,成立于1943年。当初是作为美国研制原子弹的曼哈顿计划的一部分,以生产和分离铀和钚为主要目的。——译者

章的译本，这些文章攻击相对论和量子力学，说它们是没有价值的资产阶级理论。深陷马克思主义意识形态泥潭的苏联科学，花了好长的时间，才认识到这两种理论的正确性*。来自诺伊费尔德的这个信息，使得我能够写出一篇文章，题目是《苏维埃核物理学中的资产阶级唯心主义》(Bourgeois Idealism in Soviet Nuclear Physics)。它发表在《耶鲁评论》(Yale Review)，后来又在我的《科学：好的、坏的，以及伪的》一书中重印。

我在《塔尔萨论坛报》的工作只持续了一两年。它的主编詹克斯·琼斯(Jenks Jones)，是这家报纸的出版人理查德·劳埃德·琼斯(Richard Lloyd Jones)的儿子。同他父亲一样，琼斯是一名极右翼的保守主义者。有一天在电梯上，他看见我手中拿着一本《国家》(Nation)杂志**。我怀疑这就是他断定我与这家报纸没有未来的一个原因，我被要求离职。尽管我这段就职时间是短暂的，但我从中学到了许多东西。我仍能描绘出那凌乱的、烟雾弥漫的楼层，那每张办公桌上的吐缸***，那没有女士的房间，那从地下室（整行铸排机的操作工正在那里排字）飘上来的印刷油墨的气味。

由于在塔尔萨另找一份工作没有指望，我乘上一辆"灰狗"汽车公司的大巴回到了芝加哥****。在那里，我真是撞上了大运，在芝加哥大

---

* 关于20世纪上半叶苏联学术界（主要是科学哲学界）对相对论和量子力学的批判（我国在20世纪70年代发生过类似的情况），其原因目前仍是我国科学哲学界的一个论题。作者这里表达的是西方学术界的一种普遍的看法。——译者

** 又译作《民族》。1865年创刊的美国左翼杂志，自诩"左派的旗舰"。——译者

*** 原文为spittoon。经查，这可能是"一种碗状金属容器，通常有一漏斗状盖子，供烟草咀嚼者往里吐东西"。权译"吐缸"。——译者

**** 这辆大巴在隆冬时节运行，而车上没有暖气。当我们开到一个休息站时，我身后的一位在阿肯色州上车的老太太大声地说："我要去点一碗热汤，把我的脚放进去。"——作者

学媒体关系办公室谋得了一个职位。这件事缘于我与唐·莫里斯（Don Morris）之间的友谊,他当时是一名媒体关系作家。我在编辑这所大学的文学杂志《评论》的时候,他在编辑校园幽默杂志《凤凰》。除了我画的查尔斯·莫里斯、罗纳德·克兰和莫蒂默·阿德勒的滑稽漫画外,《凤凰》还发表了我的一些搞笑幽默画,以及我为《关于恐怖迈克的叙事诗歌》（The Ballad of Terrible Mike）画的两幅插画。这是我朋友萨姆·海尔（Sam Hair）写的一首诗歌,他在几十年后把它重印成一本小册子。萨姆的叙事诗歌是模仿小爱德华·帕拉莫尔（Edward Paramore, Jr.）的《关于育空杰克的叙事诗歌》（The Ballad of Yukon Jake）。这首诗歌在《名利场》（Vanity Fair）杂志上发表了不下三次。你会在我的《往日的著名诗歌》（Famous Poems from Bygone Days）中找到帕拉莫尔的叙事诗歌,附带着还有关于这位仅凭一首诗出名的作者的一些鲜为人知的事实。

我在媒体关系办公室的工作主要是写关于这所大学正在进行的科学研究的新闻稿。这是我人生中的一段幸福时光。我的一份新闻稿是讲发现了叫作"美马冢（Mima mounds）"*的神秘的化石螺旋（fossil spirals）。这份新闻稿让《芝加哥论坛报》的一位文字编辑心情极其愉快,于是他把我的这篇东西改成了一段韵文,却又以散文的格式排印了出来。我猜想没有读者能理解为什么这篇报道既有韵律又有格律。我的另一份新闻稿则报道发现了闪电熔岩（又称化石闪电）的一个精细标本,它呈弧形穿过伊利诺伊州的一座沙丘。

在写新闻稿方面我从唐·莫里斯那儿学了很多东西。后来他成了这所大学的校友杂志《芝加哥》（Chicago）的编辑。再后来他加入了《生

---

* 美马冢,一种覆盖大面积土地的土丘群。土丘矮小、扁平,呈圆形至卵形,直径3米至50米以上,高度2厘米至2米以上,由松散的、非层化的沉积物构成。多见于北美地区,以美国华盛顿州的美马冢自然保护区最为知名。其成因仍在探索之中,但似与所谓"化石螺旋"无关。——译者

活》(Life)杂志的职员队伍。当我为我的《注释版圣诞前夜》(The Annotated Night Before Christmas)一书汇编一个《圣诞前夜》(The Night Before Christmas)*的滑稽仿作精选时,我说服唐·莫里斯贡献了一首精美的政治性滑稽模仿诗。

唐·莫里斯死于肺癌,这病应该在他死前好几年就有了。他的烟瘾一直很重。当时唐·莫里斯住在华盛顿特区,他在那儿有一份工作,但这工作的性质我忘了。他留下了一份手稿,是一本不寻常的小说,名字叫《纸痕迹》(Paper Trails)。它完全由信件、备忘录、日记、法庭笔录、报纸剪贴等组成。我读了这份手稿,认为它值得出版。这份手稿现在可能在一位亲戚的阁楼上积灰。

在这个媒体关系办公室里,办公桌在我附近的还有两位朋友。布朗利·海登(Brownlee Haydon),这所大学比较宗教系主任艾伯特·欧斯塔斯·海登(Albert Eustace Haydon)的儿子,这位老海登是我的小说《彼得·弗洛姆的出走》中的叙述者霍默·威尔逊(Homer Wilson)的生活原型。在这本狂野不羁的小说中,霍默偏爱那些象征着他对世界各大宗教之喜爱的花哨背心,但这些宗教没有一个是真的。老海登是一位坚定的世俗人文主义者,这是一个表示无神论者的华丽术语。他的儿子布朗利后来成了兰德公司(Rand Corporation)**的一名正式撰稿人和研究员。

科迪·普凡施蒂尔(Cody Pfanstiehl),我的另一位办公室朋友,后来

---

*《圣诞前夜》,美国诗人克莱门特·穆尔(Clement Moore,1779—1863)的经典儿童诗。这首诗歌颂了圣诞前夜的美好,被西方世界的孩子们传诵了近200年。——译者

**兰德公司,美国最重要的以军事为主的综合性战略研究机构。Rand(兰德)由"R""an""D"组成,即"R"esearch "an"d "D"evelopment(研究与发展)的词头字母。——译者

成了华盛顿特区公共交通运输系统的主管。我回想起他在一个场合（我忘了是在哪个场合）唱了一首他自己创作的歌曲,博得全场喝彩。这首歌曲唱的是一位社会学家的工作成果:他区分了上上层阶级、上中层阶级和上下层阶级,中上层阶级、中中层阶级和中下层阶级,以及下上层阶级、下中层阶级和下下层阶级。

科迪有一次邀请我去参加一个女生夏令营,他在那儿拉小提琴为一场方形舞*伴奏。方形舞结束后是营火晚会,科迪用他的小提琴演奏了一首独奏曲。我觉得这首独奏曲很动人,他演奏完我就问他这首曲子的名称。没有什么曲子,他是即兴演奏。

科迪近乎圣人。他有着最高的道德标准。他在他第一任妻子去世后,娶了一名盲女。他们俩都积极致力于促进各项为视障人士谋福利的事业。科迪的一个儿子为我的集子《注释版圣诞前夜》贡献了一篇有趣的滑稽仿作。

在媒体关系办公室工作的日子里,我的第四位朋友是米尔顿·塞默（Milton Semer）,当时他是法学院的一名学生。他每天来媒体关系办公室,把我们新闻稿的油印件印出来。他后来成了华盛顿特区的一位检察官,积极参与国家政治。我们保持联系几十年,经常通过电话交谈。关于那些在我们国家首都关起门来进行的欺诈行为,他是我的内部消息来源。

在那个时期我还有一位同班同学,我同他保持多年联系,叫艾森德拉思。他后来成了纽约城的一位顶级摄影师。他在爱因斯坦成为美国公民的当天,给他拍了一张伟大的照片,登在曼哈顿一家报纸的头版上。我请戴维把它放大后给我一张,现在它装在镜框里,挂在我写字桌的上方。我爱这张照片。那股喷出来的烟斗烟雾,看上去就像一副白

---

* 方形舞,一种美国乡村舞,四对舞伴在跳舞过程中形成正方形。——译者

色的山羊胡子。你可以看到爱因斯坦的翻领上有一面小国旗,那是给所有新公民的小别饰。爱因斯坦穿着整洁,除了——我被告知——没有穿袜子。

爱因斯坦,这位自牛顿以来最具创造力的物理学家,是我的另一个偶像。我写了一本关于相对论的书,主要是为了自学这个理论。这本书仍然以多佛出版公司的平装本在重印,名字叫《大众相对论》(Relativity Simply Explained)。我很想写一本与之相伴的关于量子力学的书,但是我现在太老了,已不能试图去做这件事了。爱因斯坦赞赏这个理论,因为它是相容的,是强有力的。但是他认为它是不完备的——"上帝不掷骰子"——总有一天它会为一个更深刻的理论所改进,消除掉其中基本的随机性。他可能是对的。

芝加哥大学50周年校庆时,我的一项任务是布置一个展览,展出所有以这所大学为背景的小说作品。它们以《栗色的传说》(Maroon Tales)打头——这是幽默作家威尔·卡皮(Will Cuppy)*的短篇小说集——包括后来作家们的数量惊人的小说。其中最为显眼的是《灰塔》(Grey Towers),由佐薇·弗拉尼根(Zoe Flanigan)匿名撰写,她是一位年轻的英语教师,1911年毕业于这所大学。这本书由帕斯卡尔·科维奇(Pascal Covici)**于1923年出版。有传言说弗拉尼根嫁给了科维奇,但我根本无法查证。

在积极的方面,这本小说勾勒了最终将被称为"新计划"的教学改革的轮廓。它是由赫钦斯实施的,但实际上是由芝加哥大学的几位教

---

* 威尔·卡皮(1884—1949),美国幽默作家、文学批评家。主要作品有《几乎所有人的衰败》(Decline and Fall of Practically Everybody)。——译者

** 帕斯卡尔·科维奇(1885—1964),出生于罗马尼亚的美国图书出版商。先后在芝加哥、纽约经营出版公司,在20世纪上半叶的美国出版界十分活跃,既出过被认为是"淫亵"的书,也出过传世的作品。——译者

授设计的。在消极的方面,《灰塔》对稍加掩饰的芝加哥大学教员在不贞的性生活上的细节描写,令人心惊肉跳。法律诉讼的结果是判令它停止发行。

我有一位芝加哥朋友,叫托尼·艾德森(Tony Eidson),他以前是芝加哥大学的学生,同我一样,也是主修哲学。我和托尼相互叫对方杰克。这件怪诞的事始于我们听到什么人讲的一个关于一名推销员的笑话。一位女士听到门铃响便开了门,只听一名推销员问道:"夫人,你睡觉是穿睡袍还是穿睡衣裤?"

"都不是,"她答道,"我通常裸睡。"

这推销员放下他的手提箱,伸出一只手说:"我的名字是鲍尔斯,杰克·鲍尔斯(Jake Bowers)。"

这个笑话几乎毫无意思,一种不着边际的胡说八道,但不知怎的让我们都觉得很好笑。

趁我还没有忘记,让我说说关于青年共产主义联盟(Young Communist League)的一些事。当我在这所学校的那些年里,这个组织在校园里很活跃。有一位迷人的姑娘,披着一头明亮的红发,有着一种极强的幽默感,她叫弗吉妮亚(金妮)·米勒[Virginia (Ginny) Miller]。我同她约会过几次。她是这个联盟的一名积极成员,而我当时只是某种类型的同路人。虽然俄罗斯让我痴迷,但是我对那儿实际正在进行的事一点儿也不了解。也真是的,有一天我很荣幸地介绍金妮与保罗·古德曼(Paul Goodman)*相识。古德曼曾是麦基翁在哥伦比亚大学的学生,并且跟随他来到了芝加哥。

---

* 保罗·古德曼(1911—1972),美国作家、公共知识分子、政治活动家。在20世纪60年代早期,是著名的左翼反战主义者。他还是心理治疗领域所谓"格式塔疗法"(Gestalt Therapy)的联合创始人之一。——译者

古德曼后来因他的书《荒谬的成长》(Growing Up Absurd)而名声大噪。他还以他的小说、短篇故事和诗歌赢得了一大批地下追随者。在我刚认识他的时候,他对威廉·赖希(Wilhelm Reich)*及其生命力疗法极其崇拜。我现在回想不起来他是否真的赤身裸体地坐在赖希的生命力箱里以增强他的生命能,或者他是否认识到并摒弃了赖希的显然怪异的方面。古德曼当时还有着看东西困难的问题。他读了一本关于眼操(eye exercises)**的书——一本被奥尔德斯·赫胥黎(Aldous Huxley)***所赞同的书——就把他的眼镜扔在一边,通过摆动眼珠子,来努力治疗近视眼。

在那些日子里,我常去第57街上那家Maid-Rite****烧烤店的一个后面的卡座里泡着。有一段时间我还在这家店打工,做侍者和冷饮售货员。那些定期到这个卡座来的人当中,有一个是弗兰克·迈耶(Frank

---

* 威廉·赖希(1897—1957),奥地利心理学家。早年试图把激进的左翼政治同倡导性教育和性自由结合起来。1939年宣布发现了一种无处不在的生命力(orgone)或生命能(orgone energy),据说对人的身心健康有重要作用。他特制了一种柜子,称为生命能蓄积器(Orgone Energy Accumulator)或生命力箱(orgone box),可累积这种生命能。将病人置于其中,可治疗各种疾病,包括癌。此事一般被认为是伪科学。但赖希对心理学确有不少有价值的贡献。——译者

** 这种眼操由美国的眼耳鼻喉科医生威廉·霍拉肖·贝茨(William Horatio Bates, 1860—1931)首创。与我国流行的眼保健操不同,它主要是通过患者自己想象眼睛看到的颜色和想象眼睛的运动,以及在不利环境下阅读,来治疗近视等眼睛疾病。因其原理与人们所知的眼睛各部分功能抵触,这种眼操被认为是伪科学。——译者

*** 奥尔德斯·赫胥黎(1894—1963),英国(后入美国籍)小说家、散文家、博物学家。著名进化论生物学家托马斯·赫胥黎(Thomas Huxley, 1825—1895)的孙子。在自然科学与社会科学方面有研究。主要作品有《美丽新世界》(Brave New World)等。——译者

**** Maid-Rite是美国的一家休闲餐饮连锁店公司,成立于1926年。尚无官方认可的中文译名。——译者

Meyer),他是一名共产党工作人员,负责我们校园地区的。他不断地试图说服我加入这个党。无论什么时候我们相遇,他总会这样同我打招呼:"多久,马丁,多久?"他的意思是我还要拖多久才成为他的一名同志。几年后,弗兰克同惠特克·钱伯斯(Whittaker Chambers)*一样,加入了那些不再迷恋马克思主义并转变成极右的人的队伍。弗兰克最后成为比尔·巴克利(Bill Buckley)**的《国家评论》(National Review)的一名编辑。他在伍德斯托克与纽约城***之间乘车上下班,而且在他死前不久,他成了一名天主教皈依者!我记得一天下午我在《国家评论》的办公室同他打电话,建议我们聚一聚。我也已完全不再迷恋马克思(Marx),而且正在为反斯大林主义的民主社会主义周刊《新领导》(New Leader)写图书评论和文章。所以弗兰克和我还是有一些共同之处的,但是我们再也没有见面。

我又扯远了。有一天,古德曼和金妮都在那个Maid-Rite店卡座里,我介绍他们相互认识。他们坠入了爱河,而且不久就结婚了。生了一个女儿后,他们最终离婚了。古德曼写了一首诗,名叫《不再相爱》(Falling Out of Love)。直到如今,我还是不能理解金妮为什么会嫁给古德曼。她一定知道他是同性恋的呀。反正,我有一天同她邂逅并请她

---

* 惠特克·钱伯斯(1901—1961),美国作家、编辑。1925年加入美国共产党,1932年成为苏联的地下情报人员。20世纪30年代后期苏共的"大清洗",使他于1938年4月脱离美国共产党。后在《生活》杂志工作并任要职。1948年指证美国国务院前重要官员阿尔杰·希斯(Alger Hiss, 1904—1996)是苏联间谍,引起轰动。1952年出版回忆录《证据》(Witness),叙述此事经过。——译者

** 比尔·巴克利(1925—2008),美国作家、保守主义政治评论家。1955年创办右翼政论性杂志《国家评论》。——译者

*** 从纽约州的伍德斯托克(以伍德斯托克音乐节闻名)到纽约城的距离有160千米左右。——译者

共进晚餐,当时她正好回芝加哥大学校园。我记得问她是否弄明白过古德曼的基本哲学信仰是什么。比方说,他是否信仰上帝?金妮微微一笑,缓缓地摇了摇头。她根本不知道古德曼信仰什么。他还在宣称自己是一名无政府主义者吗?金妮不知道。古德曼真是麦基翁的一名好弟子。

我有一个模糊的记忆,那是在青年共产主义联盟举行的一次某种类型的政治性会议上,金妮是主席。一名年轻的男子站起来发表了一个冗长的、烦人的、不切题的评论,然后坐了下来。金妮用了一个词作为回应,结果激起阵阵大笑。她所说的只是:"扯淡!"

许多年之后,我住在格林尼治村*。我在村里的一家酒吧同金妮偶遇。那家酒吧在贝德福德大街上,叫作胡姆利酒吧,那时非常受年轻的波希米亚人欢迎。她跟我说她每个星期五晚上都在那儿。这是我们的最后一次相遇,不过有一天下午我从她身边走过,那时她正在村里的一家书店前朝橱窗里看。一个小姑娘,一如既往地可爱,红头发扎成了一根马尾辫。当时我已幸福地成了家,有一个儿子。她根本没有注意到我,我从旁边走过,没有说话。

---

*格林尼治村,纽约曼哈顿的一个区域,艺术家、作家等的聚居地。——译者

◆ 第十一章

母亲和父亲

在这本杂乱纷呈的自传中,说说我母亲和父亲的时候到来了。我父亲詹姆斯·亨利·加德纳(James Henry Gardner),在肯塔基州索诺拉的一个农场长大。索诺拉是离路易斯维尔不远的一个小镇。他的父亲,是一位把经营农场作为消遣的乡绅(我的名就是取自他的名*)。农场里的杂活全部是由雇工来干。他有两个儿子,我父亲和埃米特伯伯。关于埃米特伯伯,我在前面的某一章里写到过。

我父亲从列克星敦的肯塔基大学毕业后,在美国地质调查局工作了一段时间,在那时尚未建州的新墨西哥地区勘测河道并把它们绘制到地图上,后来又为史密森学会(Smithsonian Institution)**搜寻化石。最终他在首都的乔治·华盛顿大学获得了一个地质学博士学位。

父亲在石油业的方向上迈出的第一步是他发现了一个漂白土的来源。漂白土是多孔的黏土,吸水能力极强。如果你用舌头触碰一块漂白土,那么这舌头就很难解脱了。在那个时候,这种黏土作为原油的一

---

* 作者祖父马丁·鲁夫·加德纳(Martin Roof Gardner, 1845—1912)。——译者

** 史密森学会,由美国政府资助的半官方性质的博物馆机构,主要在华盛顿特区。目前包括至少15个博物馆和许多研究中心,以及160个以上的附属机构,以英国化学家和矿物学家詹姆斯·史密森(James Smithson, 1765—1829)的遗产捐赠为创建资金,于1846年成立。——译者

种过滤介质对于炼油厂来说十分重要。父亲在伊利诺伊州的南部发现了这种黏土，他在那儿开了一个矿。有好几年，这个矿是一个稳定的收入来源。当炼油厂找到了一种更好的方法来过滤原油的时候，漂白土的市场就消失了。

父亲把他的注意力转向石油地质，这是一个快速成长中的石油行业。他和他的新婚妻子，一位名叫威利·施皮尔斯(Willie Spiers)的列克星敦姑娘，搬到塔尔萨，并在那里建立了加德纳石油公司。公司后来就由他自己、一位名叫哈里·怀特(Harry White)的会计和一位秘书组成。所有的石油勘探工作都是父亲来做。当他发现一个有希望出油的钻井地点时，他会雇用一家钻井公司，然后派他的好友卢西恩·沃克(Lucien Walker)进入这个地区，向附近的农夫们租借土地。试验井通常干涸无油，但有时会打出石油来，加德纳石油公司的生意也就兴旺发达。

我的父母是所谓的异教通婚，这在美国和全世界都很普遍。我母亲是一位虔诚的卫理公会派教徒，她相信《圣经》是上帝之言，而耶稣是上帝之子，但是她对那些伟大的圣经奇迹究竟是怎样想的，我从来不能确定。在我的一生中，我一次也没有或详或略地向她询问过关于她信仰的情况，也从未听到过我的父母讨论教义问题。

后来我知道，我父亲只是一个名义上的基督徒。他定期和我母亲去教堂，但就我能告诉你的，他是一个把上帝和大自然等同起来的泛神论者。他对自然的爱是无止境的。在我们客厅的书架上，有着亨利·梭罗(Henry Thoreau)*和约翰·伯勒斯(John Burroughs)**的整套作品。父

---

* 亨利·梭罗(1817—1862)，美国作家。主张人类回到自然，曾在马萨诸塞州的瓦尔登湖畔隐居两年，体验简朴生活，并以此为题材写成长篇散文《瓦尔登湖》(Walden)，系世界文学瑰宝。——译者

** 约翰·伯勒斯(1837—1921)，美国散文家、博物学家。按照梭罗的方式生活和写作，研究和赞美自然。主要著作有《醒来的森林》(Wake-Robin)。——译者

亲对他们俩都极其赞赏，但他认为伯勒斯是更优秀的科学家。有一天他跟我说了梭罗的具有纪念碑意义的大蠢事。梭罗在他的日记中讲到他站在一道彩虹的尽头，看着这道彩虹呈弓形伸展向上，离他而去！父亲给我念了伯勒斯一篇散文中的一段，其中猛烈抨击梭罗竟会说如此不可思议的谎言。伯勒斯问，难道梭罗在寻找那罐金了*？

在一次去东部旅行过程中的一天下午，父亲带我去了马萨诸塞州树林中的那间梭罗的小木屋。我在瓦尔登湖边捡了一块光滑圆溜带着白色条纹的灰色石头。我现在仍然用它做镇纸，偶尔也把它当锤子。父亲说，说不定梭罗也曾拿过这块石头呢。

父亲的主要兴趣爱好是观察研究野鸟。他保存着一本日志，其中记录着他观察到候鸟的日子。他竟然还拥有一本巨大的约翰·奥杜邦（John Audubon）**画册。那是一本最大开本的印刷品，被马克·吐温（Mark Twain）拥有过，甚至还有签名"Samuel Clemens"***。其中的每一页，配上适当的画框，都可以卖个大价钱。唉，父亲把这本书送给了塔尔萨的一家博物馆，并获得减税****。塔尔萨第一个奥杜邦协会是我父亲组建的。

关于父亲的那些匪夷所思的观察结论，我有两个记忆犹存。他曾经问我是否注意到时常会在书页上看到的由词与词之间的白色空白组

---

* 英语中"彩虹的尽头"（the end of the rainbow）比喻可望而不可即的地方；"彩虹尽头的一罐金子"（a pot of gold at the end of the rainbow），则比喻美好但难以实现的愿望。——译者

** 约翰·奥杜邦（1785—1851），出生于海地的美国鸟类学家、画家、博物学家。以其对北美鸟类的观察研究而闻名。成名巨著《美洲鸟类》（The Birds of America）系传世珍品。——译者

*** 这是马克·吐温的本名。——译者

**** 美国有赠予税。——译者

成的小道，它们在书页上扭来扭去像蠕虫那样从上往下爬。他很想知道，是否有一页书曾被一条白色蠕虫从上爬到下，抑或这种情况就像打桥牌时发到一手同花牌那样少见？在另一个场合，我们在一辆列车上，他指出，如果你闭上眼睛，你可以想象这辆列车正在朝相反的方向飞驰，或者甚至是侧向运动。他说，在一辆列车上睡觉时，他喜欢用这种方式来入睡：想象着让这列车朝各个不同方向运行。

父亲有他比较严肃的一面，他不断地教给我基本的科学知识。我还是一个孩子的时候，他就解释为什么虹是圆弧形的，为什么没有两个人看到的虹是一样的。他解释为什么你有时看到从一个云洞透出的太阳光线，像风扇叶子那样四射散开，而实际上它们是平行的，就像在远处收拢的铁道双轨，其实也是平行的。作为一名少年，我从他那儿学会了怎样在星空中辨出大熊座和小熊座、猎户座、仙后座，以及其他星座。我知道了为什么雷鸣要在你看到闪电之后过一会儿才到，为什么打起雷来是隆隆作响。他解释了月相，以及为什么罗盘指针是指向北的。简而言之，他对科学的热爱在我的人生中留下了巨大的印记，对此我是深深感激的。

我不知道我母亲是否相信进化论，但我确实知道我父亲相信。我在他留下的书信文档中发现了一份从塔尔萨一家报纸上剪下的剪报，那是关于他于1923年在一个扶轮社（Rotary Club）*午餐会上作的一次演讲。大标题是《他认为，圣经中讲的创世故事是对神话学的一个贡献》(Story of Creation Told in the Bible Is a Contribution to Mythology, He Believes)。虽然父亲把《圣经》褒扬为一种伟大的"生活规则和指南"，

---

* 扶轮社，扶轮国际（Rotary International）在各地的分社的名称。这是一个自称以提倡"服务的思想"，"促进国际了解、善意与和平为宗旨"的国际性社团。为联合国经济及社会理事会和教科文组织的联系单位。1905年在芝加哥成立。总部设在伊利诺伊州的埃文斯顿。——译者

并说耶稣在某种意义上是神圣的,但他明确表示,地球已有几亿岁了,《创世记》中关于其诞生的说法必须被一种对所有生命形式的缓慢进化所的认可所替代。他说,上帝,"博爱、真和善"。

我父亲的第二个兴趣爱好是俄克拉何马州的历史。他仔细读了华盛顿·欧文(Washington Irving)*的《大草原之旅》(A Tour on the Prairies),这使得他能够找到欧文和他的人马曾经驻扎的准确地点。这是在俄克拉何马州的一个地方,锡马龙河与阿肯色河在那儿汇合。他后来出资请一位住在塔尔萨的荷兰画家——弗兰克·冯·德·兰肯(Frank von der Lancken)[他的妻子朱莉娅(Julia),在中心高级中学教美术]为这两条河画了一幅美丽的油画。这幅画现在为我的儿子吉姆所拥有。唉,这种景象再也不会有了。这两条河的交汇之处,现在是一个大水库的所在地。

我回想起一天晚上,来我们家的客人们进行了一次长时间的讨论,主题是当月球围绕地球旋转时,它是否在绕自己的轴旋转。因为月球老是把它的同一面朝向地球,有一些客人就辩称月球没有旋转。我父亲表示同意,或者说假装表示同意。他建议进行下述思想实验。他说,设想有一块巨大的木板,一头附着在地球上,另一头钉在月球上,使得它不能旋转。当木板围绕地球摆动时,它随身带着这个被固定的月球。

当然,争论的焦点在于怎样定义"旋转"。相对于地球,月球没有旋转。相对于火星上的一名观察者,它旋转了,每围绕地球公转一圈它自转也是一圈。这个问题类似于詹姆斯在《实用主义》(Pragmatism)第 1 章中提出的一个问题。一名猎手用枪瞄着一棵树干远侧上的一只松鼠。猎手围着这棵树转,试图射中松鼠;松鼠则围着树干跑,让自己老

---

* 华盛顿·欧文(1783—1859),美国作家。以其散文集《见闻杂记》(The Sketch Book)而世界闻名。——译者

是隔着树干面向猎手。当猎手和松鼠都围着这棵树转了一圈后，猎手也围着松鼠转了一圈吗？

这个问题同样是无聊的，因为它仅依赖于"转了一圈"的意思。这名猎手**确实**围着松鼠所在的位置转了一圈，但是如果"转了一圈"的意思是面对过松鼠的正面、背面和所有侧面的话，那么他就并**没有**围着这只松鼠转了一圈。真是很难相信，但是这个月球难题确实一度在1900年以前《科学美国人》的读者中激起了如此多的争议，以致这家杂志出了一期特刊专门来反映这场辩论！

现在介绍一个相关的有趣难题，留给读者考虑。如果你在月球上，你当然会看到地球在旋转。你也会看到它横越天空移动吗？

有一天，我对去上中学怨气冲天，我认为那是彻头彻尾的浪费时间，弄得我父亲居然允许我一整天待在家里，于是我可以完成我心中酝酿已久的某个项目。他给学校写了下面的信："请原谅马丁昨天的缺席。他生病在家，牢骚满腹（with the gripes）。"当然，校长办公室认定我父亲不知道怎样拼写grippe（流行性感冒）！

我曾经说服父亲买了一支萨克斯管。我上了几次课，但由于我耳朵的音乐听力太过差劲，我最多只学会了怎样演奏一遍音阶。许多年后我建议父亲把这件乐器卖了。他在当地一家报纸的分类广告栏中说："崭新的萨克斯管出售，50美元，或可更优惠。"据我回忆，一位年轻人出现在门口，他用10美元买走了它。

当我是个孩子的时候，俄克拉何马州的许多餐厅都有吃角子老虎机。有一次外出驾车旅行，我父亲向我介绍了下面这个荒唐古怪的行为。在餐厅吃完饭后，他会向老虎机里塞一枚25美分的硬币，拉动手柄，然后缓步向门口走去，好像对于结果完全无所谓。他会细致地测算他行走的时间，因此，他如果听到那机器咔嗒作响后便归于静默，就继续朝门口走去。当然，如果他听到撒下硬币或筹码的叮当声，就会把他刚打开的门关上,反身快速跑回,收罗所获,让旁观者们,包括我,乐不可支。

我念中学的时候,我父亲在离厨房不远的一个房间里为我提供了一个小小实验室。它包括一架显微镜、一台本生灯、烧瓶、试管、长玻璃管,以及其他简单设备。那台显微镜对我来说功能足够强大,我看到了阿米巴虫和草履虫在水里游来游去,那水是我从死水潭里弄来的。我做了苍蝇翅膀、蕨叶底面,以及其他东西的幻灯片。我建造了一个海伦喷泉,这是希腊水力学科学家海伦(Heron)的非凡发明。这个喷泉竟然射出一股比其源头还要高的水流。我把一根玻璃棒*弯曲成一种特殊的形状,形成一个自启动的虹吸管。你将这根虹吸管的一端放入水中,它立刻就开始工作!

我收集各种不同的东西:蝴蝶,我将它们安放在玻璃画框内;叶子,我将它们安置于一本剪贴簿中,每片叶子旁边都标有长着这种叶子的树种名称。我收集过一段时间邮票,但时间不长。我还收集器具型智力玩具(mechanical puzzles)。我为《兴趣爱好》(*Hobbies*)杂志写了一篇关于收集器具型智力玩具的文章,这是世界上这方面第一篇公开发表的文章。

我愉快地记得父亲带我去搜寻化石的美好时光。在塔尔萨附近的一处露头**上,我竟然发现了一块三叶虫化石。他带我去了肯塔基州的猛犸洞穴***,去了新墨西哥州的卡尔斯巴德洞窟****。其他的旅行则是去钻井现场。爸爸是最后的所谓"野猫钻井者"之一。他们是独立的

---

* 原文即为 a glass rod。——译者

** 露头,地质学术语,地面上出露的岩石。——译者

*** 猛犸洞穴,属猛犸洞国家公园,在美国肯塔基州中西部。以古代长毛巨象"猛犸"命名,表示其规模巨大。目前探查到洞穴长度至少 650 千米,是世界上已知最长的洞穴。——译者

**** 卡尔斯巴德洞窟,一个洞窟群,属卡尔斯巴德洞窟国家公园,在美国新墨西哥州东南部。以其形状特殊的钟乳石和石笋而著称。——译者

石油生产者，他们自己探寻石油，不依赖于任何大石油公司。

我清晰地回想起我们有一次旅行去得克萨斯州的帕里斯，那儿发生了一起可怕的事故。在父亲的一口油井上，钻头被卡住了。当钻井工们正在加大作用在钻头上的拉力时，建造得很马虎的井架整个儿坍塌了，死了一名钻井工。我永远不会忘记那扭曲的钢铁和那殷殷的鲜血。

另一些记忆联系着这次旅行。当然，后来我很喜欢跟朋友们说我在巴黎*度过了一个星期。一个阳光明媚的下午，我正沿着帕里斯的主要街道闲逛，一个漂亮的女孩正从一家商店里隔着玻璃往外看，她闪电般地给了我一个动人心魄的微笑。她可能是一名女服务员。我真想走进去，或许能同她结识。可惜我太害羞了，我只是回以微笑，继续往前走。但是我永远不会忘记她的微笑。

帕里斯的市长在自己家里安排了一个聚会，让当地的商人们同我父亲会面。当然，如果那井打出油来，那么对于这个城市来说是一件大好事。（我应该补充一句，结果那井是一口干井。）大人们在聚会上说了许多低俗的笑话。父亲认为这些东西不适合我听，于是我不得不在那屋子外的台阶上闷闷地坐了一个多小时，听着里面发出一阵又一阵的大笑。

关于这次旅行，父亲跟我讲了三个故事，它们保留在我的记忆中。他说有一个当地农场的男孩，每天都要到井上来观钻井。他从不说一句话。经过许多次这样闷声不响的造访后，有一天他开口说话了。所有的钻井工都停下了手中的活儿听他说什么。他说的是："这里曾经下过雪。"

他跟我讲的第二个故事是关于一个上了年纪的农夫的，他住在不远处。那井架坍塌后的一天下午，他妻子说："油井上出事了。那井架

---

* 帕里斯与法国首都巴黎同名，均为 Paris。作者借此开个玩笑。——译者

不见了。"

"这不可能,"她丈夫回应道,"我能明明白白地看见那井架。"*

在我的神学小说《彼得·弗洛姆的出走》中,我把这场事故用作一个隐喻。在那里,它象征着这样的事实:全世界数以百万计的自由派基督徒,不管是天主教徒还是新教徒,他们由于习惯的驱使而去教堂做礼拜,认为基督教仍然屹立,而事实上其全部的主要教义正在慢慢地支离破碎。在英国,当老教义从圣公会教义中偷偷溜走的时候,马修·阿诺德(Matthew Arnold)**写下了他那首优秀的诗篇《多佛海滩》(Dover Beach),让我们听到了"忧郁的、悠长的、退潮时的咆哮"。据说本杰明·乔伊特(Benjamin Jowett)***大主教在同教徒们一起背诵《使徒信经》(Apostle's Creed)****的时候,他会大声地说"我"(I),接着耳语般地轻声说"曾"(used to),然后又回到大声状态,说"信"(believe)。

我的第三个记忆是有一次父亲开车将一名黑人"到处骚扰者"——这是人们通常对钻井工人的称呼——从井上送到城里去。在汽车的前方,风把一只纸袋吹得横穿过马路。我父亲被这位老兄的评说逗得乐不可支。"那袋子,"他说,"就像某个大人物在过马路。"

---

* 据作者在其小说《彼得·弗洛姆的出走》中的描述,这位老农夫眼力衰退,但又不愿承认,故在那儿犟嘴;他也不能想象一个他习惯了的事物会消失;或许他确实在幻想中清楚地看到那井架仍然矗立在那儿。——译者

** 马修·阿诺德(1822—1888),英国诗人、文学评论家。主要诗篇有《吉卜赛学者》(The Scholar Gipsy),主要评论著作有《文化与无政府状态》(Culture and Anarchy)。——译者

*** 本杰明·乔伊特(1817—1893),英国古典学家、神学家。因译介柏拉图的作品而闻名于世。除1842年任英国圣公会执事,三年后任教士外,没有任过大主教。本书称之"大主教",可能是一种讽刺。——译者

**** 《使徒信经》,天主教和基督教圣公会及其他若干教会采用的信仰声明。其中大多数句子以"我信……"(I believe ...)开头。——译者

我父亲总是能在一句偶然的话中迅速地逮住好玩或有趣的东西。就在我打字的此刻,我心中出现了另一个小插曲。父亲和他的会计怀特在塔尔萨邮局里,查看他们公司的邮箱。"邮箱里有什么东西吗?"我父亲问。哈里答道:"没有什么东西,除了一张通知,说这邮箱的租约,已经到期。"

"哈里,"我父亲说,"你是一位无师自通的诗人。你刚才在用完美的格律说话哟。"

我父亲有一天令我大吃一惊,他将字母表倒背了出来。我一点儿也不明白,为什么他小时候会去费神把一张反向的字母表记下来。或许这只是对他记忆力的一个挑战。他对他喜欢的诗有着很好的记忆,而且能大段大段地背诵罗伯特·彭斯(Robert Burns)*的诗。彭斯是他喜爱的诗人之一,而他是我喜爱的诗人之一:

> 风光旖旎的杜恩河哟,两岸鸟语花香,
> 你们这些花儿哟,怎能开得如此艳靓?
> 你们这些小鸟哟,怎能反复忘情欢唱?
> 我的心中哟,如此地充满烦恼和惆怅!**

一天下午,父亲和我在肯塔基州,正走过一片草地。他指着泥土里的一个小洞。他告诉我,在那个洞的洞底,生活着一只奇特的昆虫。为了证明这一点,他找来了一根小棍子,戳进洞里,然后迅速拔出。令我惊讶的是,果不其然,一只样子很滑稽的小虫子攫在棍子的末端上。

---

* 罗伯特·彭斯(1759—1796),苏格兰诗人。诗作受民歌影响,通俗流畅,便于吟唱,流传很广。——译者

** 这是彭斯的抒情诗《杜恩河畔》(The Banks o'Doon)的第一节。这首诗描写作者失恋的心情,所以也有译作《失恋的情歌》的。杜恩河是苏格兰西南部的一条河流。——译者

我非常抱歉地觉得,现在我必须诚实地说一下我父母的一个较阴暗的方面。虽然肯塔基州在美国南北战争期间是个边界州,但我父母都认为黑人在智能上劣于白人。他们并不是没有同母亲雇用的那些临时黑人厨师们相处融洽。母亲非常自豪于她的南方传统。无论她在什么场合,只要乐队演奏起《迪克西》(*Dixie*)*,她总是会起立。她喜欢为奴隶主们因对待奴隶的方式而得到的坏名声抱不平。她会说,这些奴隶主多半是仁慈的,对他们的奴隶也是宽宏大量的。母亲90多岁的时候,做了一件非同寻常的事。她为自己写了一篇长长的讣告,把它寄给了塔尔萨的一家报纸。他们将它登在头版,一字没改。

当我还小时,有几个夏天,母亲会在肖托夸租一幢房子,租六个星期。肖托夸是纽约附近的一个度假胜地,以种类繁多的活动、讲座、课程为特色。你只要付一笔季度费或为一个较短时期付一笔费用,所有这些项目都可免费参加。父亲喜欢说这个村庄里满是老太太和她们的母亲。我对肖托夸有两个生动的记忆。一是看魔术师约翰·马尔霍兰(John Mulholland)在那个圆形露天剧场表演。他当时是一本叫作《斯芬克斯》(*Sphinx*)的魔术期刊的编辑,我向这本期刊投过几次稿。表演结束后我追上了他,我们进行了一次愉快的魔术讨论会。

另一个记忆是一天晚上在这个村镇的圆形露天剧场,和我母亲一起(父亲那几个夏天要留在塔尔萨维持他石油公司的营运)听纽约交响乐团的一场音乐会。突然间剧场停电,灯光熄了。演出无法继续,乐团的领导人在黑暗中宣布,乐队现在将演奏大家烂熟于心的曲目。那就是苏泽(Sousa)**的《星条旗永不落》(Stars and Stripes Forever)。当灯光再亮时,所有的长号演奏员都正站在他们的椅子上!

---

*《迪克西》,美国南北战争时南方邦联的非正式国歌,主要表现对于南方乡土的歌颂。后美国南北方人民都喜爱这首歌。——译者

** 苏泽(1854—1932),美国作曲家。人称"进行曲之王"。——译者

我可以增添几个页面，来说说我的弟弟吉姆和妹妹朱迪思，以及他们聪明美丽的女儿——我妹妹的女儿多丽(Dorrie)和我弟弟的女儿辛迪(Cindy)。多丽在大学期间居然写了一篇关于量子力学中随机性的学期论文！还有我那两位了不起的侄媳妇和外甥媳妇，苏姗(Susan)和朱迪(Judy)。我断定，说说我的侄子、侄女、外甥、外甥女以及他们的孩子，会给读者更多的关于我亲戚的情况，比他们想知道的还要多。

有一个夏天，我父亲带我去印第安纳州的新哈莫尼(New Harmony)，在那里我走了一个重建的树篱迷宫，它被认为是模仿了由一个德国基督复临会邪教组织所种植建造的迷宫。它那扭曲的路径象征着扭曲的原罪之路。我惊叹于天使加百列留在石头上的那只大赤足印。这个邪教组织的头目乔治·拉普(George Rapp)宣称天使加百列曾拜访过他。我想起当地一位历史学家作的一个讲座，他讲了这个城镇早先怎么会成为一个叫作"和谐"(Harmony)的乌托邦式殖民地的。这个殖民地由威尔士的社会主义者罗伯特·欧文(Robert Owen)所建立。这个城镇有一家杂货店，叫作"时间商店"(time store)，因为商品的价格会上涨，如果顾客花长时间进行一次购物的话。

我知道了当这个社会主义殖民地因其成员间的激烈争论而分崩离析之后，拉普是怎样接手"和谐"的。他把这个城镇的名字改为"新和谐"(即新哈莫尼)。拉普89岁那年，病倒在床上，说如果他不确信上帝让他准备好在"耶稣再来"的时候把他的羊群献给耶稣，那么他可能会认为这是他的最后时刻了。他这么说着，就死了。

拉普的怪异信仰之一是，虽然上帝既是男性又是女性，但他的儿子是无性的，没有性器官！因为拉普禁止性交和生孩子，拉普的信徒慢慢减少，后来他们逐渐消失了。拜伦(Byron)在他的诗《唐璜》(*Don Juan*)中专门有一节说到此事。你会在我的《一名哲学写手的为什么》中发现这一诗节在脚注中得到引用。

虽然不容易相信，但事实确实如此：著名的德国神学家蒂利希在芝加哥大学做了若干年神学教授之后逝世，并且尸体火化，他的骨灰就埋葬在新哈莫尼的保罗·蒂利希公园！蒂利希的一尊青铜胸像展示在公园中，旁边有花岗岩纪念碑相伴，上面镌刻着摘自蒂利希作品的名言。你可以在谷歌上找到这尊胸像和纪念碑的照片。

保罗·蒂利希公园是由艺术赞助人和慈善家简·布莱弗·欧文（Jane Blaffer Owen）为纪念蒂利希而创建的，她非常崇拜蒂利希。她是肯尼思·戴尔·欧文（Kenneth Dale Owen）的遗孀，而肯尼思是地质学家、海湾沿岸石油公司创始人罗伯特·欧文（Robert Owen）的曾孙。罗伯特和简都是新哈莫尼的前居民。我在写本书的时候（2009年），欧文夫人已经90多岁了，住在休斯敦*。谷歌上有她和她丈夫的条目。

我母亲晚年就读于塔尔萨大学，在鲁宾逊手下学习绘画，这在第一章提到过。母亲的水彩画，主要是静物画，在一次画展上展出，受到塔尔萨两家报纸的好评。她的画如今挂在亲戚家和朋友家的墙上。我拥有两幅我特别喜欢的，一幅画是一只瓶子里装着许多种类的种子，另一幅画是母亲的12位闺密围着一张大餐桌就座，很有趣。我弟弟吉姆在晚年也学起了风景油画。

我用我父亲的某句金玉良言来结束这乱七八糟的一章。妹妹朱迪思嫁给詹姆斯·韦弗（James Weaver）的婚礼在塔尔萨举行了之后，我问父亲是不是有什么有益的忠告给新郎。他想了一小会儿，然后说："闭上你的嘴。"

---

* 简·布莱弗·欧文已于2010年逝世，享年95岁。——译者

第十二章

海军(Ⅰ)

希特勒(Hitler)攫取了法国之后,头脑简单的斯大林(Stalin),就像英国的内维尔·张伯伦(Neville Chamberlain)*那样,同希特勒签订了一个和平条约。芝加哥大学校园里,到处都有学生共产主义者戴着圆形小徽章,上面写着:"美国佬**不会**来了。"**当希特勒不出所料地入侵俄国时,这些圆形小徽章都消失了。美国共产党的路线立即转变为敦促美国向德国宣战。

一轮征兵开始后,陆军把我归为4F***,因为我的体重不达标。我确信参加战争是一件正义的事,于是试图应征加入海军。令我惊喜的是,我被录取了。海军部知道我是做媒体关系方面工作的,就命我为文

---

* 内维尔·张伯伦(1869—1940),英国政治家。1937—1940年任英国首相。因在二战前夕对希特勒的纳粹德国实行绥靖政策而备受谴责。——译者

** 原文是 The Yanks Are *Not* Coming。这意思是认为这场战争是一场帝国主义战争,因此强烈反对美国参战。它改自一句歌词:The Yanks Are Coming。出自美国歌曲《在那里》(Over There)。由美国演艺界人士乔治·迈克尔·科汉(George Michael Cohan, 1878—1942)于一战期间的1917年创作,意在激励美国青年参军,去同德国人战斗。后在二战期间也很流行。——译者

*** 在美国的兵役制中,4F是指由于身体上或心理上的不适合而不能服兵役的男性。——译者

书军士，并让我跳过海军新兵训练营，派我直接去了海军设在威斯康星大学麦迪逊分校的无线电培训学校。我被指派负责公共关系，并被任命为这所学校的周报《獾州人*海军新闻》(Badger Navy News)的编辑。每个星期我把报纸送到所有的学生宿舍房间里和每一位舰艇人员手中。

编辑这份四版的报纸是一件由一个人做的活儿，令人非常愉快。每一篇东西都是我来写，除了最后一版，那是让参加培训的人员发表报告的。作为一名舰艇人员，我有随意来去的自由。我买了辆二手自行车。我还弄到了一条小划子，在美丽的曼多塔湖上荡桨。我遇到了这所大学的教学人员，以及来访的画家约翰·斯图尔特·柯里（John Steuart Curry）。他当时正在完成一幅风景壁画，画的是这个校园里的一幢建筑。画面上有一道彩虹，柯里犯了个错，他把那上面的颜色顺序弄反了。当然，这道彩虹他得重新画。

我同英语教授威廉·埃勒里·伦纳德（William Ellery Leonard）有一番非常愉快的书信往来。伦纳德是一位著名的评论家和诗人，斯蒂芬·文森特·贝内特（Stephen Vincent Benét）**称伦纳德的《两条生命》(Two Lives)——一本有250首十四行诗的集子——是那个世纪美国最伟大的诗作。它讲述了伦纳德的悲剧性婚姻，他娶的一名女子在婚礼后不久于1910年自杀了。

我从这所大学的图书馆借出了伦纳德的自传《火车头-上帝》(The Locomotive-God)。这书名涉及他那两个古怪的恐惧症之一。他对火车头有一种强烈的害怕，而且如果他什么时候离开校园或者他家附近的地区，他就会得上急性焦虑症。

---

　　* 獾州人，威斯康星州人的别称。——译者
　　** 斯蒂芬·文森特·贝内特（1898—1943），美国诗人、小说家。以描写美国南北战争的长篇叙事诗《约翰·布朗的遗体》(John Brown's Body)而闻名。——译者

在伦纳德的许多著作中,有一本是《物性论》(*On the Nature of Things*)的英译本。这是伟大的罗马诗人卢克莱修(Lucretius)的长篇诗作,它囊括了当时所有已知的科学知识。其中有着对某种镜子的一个描述,这种镜子的镜像不会左右反转。我写信给伦纳德,说到他对书中介绍这种镜子的一段文字的翻译,其中有些句子我发觉比较晦涩。在我文件柜的什么地方,可能有着他那颇有雅量的回复。我很遗憾我们从未碰面。他的家现在是一个历史景点,让来麦迪逊的游客们参观。

学生会经营着一家地下室餐馆,学生们常聚集在此喝啤酒、吃点心。学生会的头头是一位名叫波特·巴茨(Porter Butts)的老兄。我很喜欢告诉人们,我在麦迪逊逗留期间的一个亮点是,我十分荣幸地介绍巴茨同一位水兵相识,那位水兵姓波茨(Pots)*。

《生活》杂志派了一名摄影记者来麦迪逊,要为这所海军培训学校作一个专题报道。他带来的那位作家,原来是唐·莫里斯,他从我在芝加哥大学做媒体关系工作的时候起就是我的老朋友了。这是一次激动人心的重逢,也是唐·莫里斯和我的最后一次相聚。

在麦迪逊待了两年后,海军部决定调我去海上服役。当我登上美国军舰"波普"号**护航驱逐舰(DE-134)时,水兵们正在喊喊喳喳地谈论着各种流言蜚语,都是关于他们那位同性恋舰长的命运的。他已被铐着带离了这艘舰。船员中有几名年轻的士兵向海军部告发,他们受到了这名舰长的性骚扰。他已为一位前药剂师所替代,事实证明新舰长是一位极其优秀的"头儿",深受全体船员的喜爱。

---

* butt有"屁股"的意思,pot有"抽水马桶"的意思。——译者

** 据查,此舰取名于美国南北战争时期的美国海军军官约翰·波普(John Pope, 1822—1892)。——译者

军官们和军士长们也是船上的佼佼者。军士长们是实际上开动着船的人。假设船上所有的军官都消失了,只要有军士长们在掌管,这艘船就仍会一路顺风地前进。好几年之后,我读了赫尔曼·沃克(Herman Wouk)*的小说《叛舰凯恩号》(The Caine Mutiny),看了由亨弗莱·鲍嘉(Humphrey Bogart)**饰演其中偏执狂舰长的电影。让我觉得好笑的是这样一件事:无论在书中还是在电影屏幕上,军士长哪儿也见不着一个。士兵是有的,但只是作为喜剧式的调剂。当然,这是我从士兵的角度来写的。

　　关于美国军舰"波普"号及其快乐的船员们,我有许多幸福的回忆。我有时做梦回到了这艘舰上。我可以闭上眼睛,想象自己在这艘舰上漫步,穿过它的一个个舱口,在它的梯子上爬上爬下。这艘舰是6艘完全一样的护航驱逐舰中的一艘,它们一起在大西洋上巡弋,搜寻德国潜水艇。我们有声呐设备来找到它们,也有深水炸弹来击沉它们。在战争结束前,我们这些舰中有一艘被一枚德国鱼雷击沉。许多船员死于这艘舰上深水炸弹的爆炸。当时没有时间把他们安置到安全的地方。

　　我被舰友们称作"巴兹"(Buzz***)。这个绰号的来历如下。我一直觉得遗憾的是,我到那时还从未有过一个绰号。当第一次有位水兵问我名字时,我当场决定给自己起个绰号。出于我现在想不起来的原因,当时心里就跳出了个"巴兹"。它迅速在船员中流传,接下来我在"波普"号服役的日子里,士兵们和军官们都叫我"巴兹"。一个名叫"巴兹"的文书军士出现在我的小说《彼得·弗洛姆的出走》有关海军的章节中。

----

　　* 赫尔曼·沃克(1915—2019),美国小说家。除了下文提到的《叛舰凯恩号》,还以长篇战争小说《战争风云》(The Winds of War)和《战争与回忆》(War and Remembrance)而闻名。——译者

　　** 亨弗莱·鲍嘉(1899—1957),美国演员。1942年著名影片《卡萨布兰卡》(Casablanca)的主演。1952年获第24届奥斯卡金像奖最佳男主角奖。——译者

　　*** buzz有"嗞嗞叫""嗡嗡叫"的意思。——译者

彼得给书中叙述者威尔逊写的信，为其中若干章提供了内容，它们相当准确地描述了我的海上生活。

虽然那个时候我渴望战争结束，但我在舰上的生活不同寻常地与焦虑不沾边，尽管事实上我们随时有可能被一枚鱼雷击中而炸死。我入伍时，没有告诉海军我有偶尔的视觉先兆性偏头痛发作，这种病能害我躺在床上几个小时，直到那些锯齿形线条逐渐消退。令我惊异的是，我在海军服役的四年当中，我的偏头痛一次也未发作过！我认为这里的原因在于士兵可以完全不必做什么重要决定。你只要做叫你做的事就可以了。你甚至连微不足道的决定都不必做，比方说穿什么衬衫，系什么领带。我怀疑这就是军队的各个部门都有那么多人决定延长服役时间的原因之一。

在第四章中，我描述了我年轻时对我这个病的性质的困惑。正是在麦迪逊，我终于知道，那一开始出现的盲点，以及接下来的那些锯齿形线条，与眼睛没有关系。在这所大学的图书馆里，我找到了一本书，名字叫《眼睛的神经疾病》(*Nervous Diseases of the Eye*)。其中有那些锯齿形线条的实际图像。你可以想象，当我知道自己不会失明时，我是多么如释重负！我如今仍有视觉症状发作，但只是每三四个月发作一次，而且现在它们只持续大约20分钟。

当然，我得学会在同舰友们说话时怎样把那些脏词夹杂进去。我们舰上有一位专业的老前辈，他竟然把那个f打头的词*插在音节之间。例如，他会说"I guaran-f——tee it"**。有一次，他知道了我喜欢玩纸牌戏法后来找我，说："你知道这样一个戏法吗？你让某个人抽一张牌，然后你告诉他这张该死的他妈的婊子养的牌是什么。"

---

* 即 fuck，"他妈的"。——译者

** 即在 guarantee(保证)的音节间插入了 fuck，成了 guaran-fucktee。这个句子可译为"我保他妈的证"。——译者

我还记得有一次我给一名水兵表演一个魔术师们都知道的开玩笑的戏法。我要求他从一副牌里任意取一张牌，不要看它的牌面，把它递给我。我举起这张牌，牌面向我，并要求他说出任意一张牌的名称。他说："红心J。"这张牌正好是红心J，于是我把牌慢慢转过去，看到他的脸涨得通红。毫无疑问他如今已经跟他的孙辈们说过，"波普"号上的一名文书军士是怎样创造了一个奇迹的。

　　顺便说一下，如果这张牌与他说的名称**对不上**，那你的"脱身之计"是说："正确！现在我要做一件**更**令人惊异的事。我将把你说的这张牌变成……"然后你说出你举着的这张牌的名称。当然，这个戏法平均在52次中只有1次能获得完满成功，但它在52次中大约有51次会失败，观众通常认为这整件事就是一个蓄意的玩笑。

　　我在这艘舰上最好的朋友是文书军士弗农·皮茨（Vernon Pietz）。战后他在芝加哥著名的科学与工业博物馆找到了一份轻松的工作。弗农是我在战后保持联系的唯一舰友。我们对迪克西兰爵士乐*有着共同的爱好——前卫爵士乐的爱好者们称我们是"发了霉的无花果"**。当我们的舰停靠在布鲁克林海军船坞检修时，我们会去那个名叫尼克斯的村子里的某个地方，欣赏一支迪克西爵士乐队的音乐。

　　尼克斯村那支乐队的领队是穆格西·斯帕尼尔（Mugsy Spanier），他吹小号。米夫·莫尔（Miff Mole）执长号，而皮·威·罗素（Pee Wee Russell）是黑管演奏员。当我对皮·威提到，我很欣赏他在一张名叫《黑管蓝调》（Clarinet Blues）的唱片中的独奏时，他装作很吃惊的样子，说："你听了那张唱片，你居然还活着？"后来我写了几篇关于爵士乐的超短篇

---

* 原文是Dixieland，一指美国南方各州，一指迪克西兰爵士乐。这是一种由小型乐队演奏的早期爵士乐，特点是强烈的快节奏和活泼的即兴演奏。于20世纪初起源于路易斯安那州的新奥尔良。——译者

** 原文是mouldy figs，意思是"老保守"，特指喜欢传统爵士乐的人。——译者

小说，它们发表在一本没有名气的小杂志上。你会在我的短篇小说集《无侧教授》中找到它们。战后过了好几年，我收到了弗恩（Vern）*妻子写来的一封令人悲伤的信，她告诉我说他自杀了。我从未问过她原因和有关的细节。

有一次在一个海军基地，我在一位军官的办公桌上看到一个标牌，上面写道："等着吧——还有一条更艰难的路！"确实，海军的繁文缛节可以令一个文书军士勃然大怒。就像一个老笑话说的那样，用蓝带子代替是不行的**。然而，我不久就发现**存在**捷径。让我引两个事例。

一天我正在准备文件，要求派一名电工助手到我们舰。这些文件将在我们的军事指挥系统中一级级上报，然后在这个系统中一级级下达，来到一名军官手中，由他来考虑这个要求。这个过程可能要花几个星期。一位在我上了"波普"号之后到这舰上待了一个短时期的文书军士长看到我在做这件事。

"不，不，巴兹，"他说，"有一个简单的做法。"

当时我们的舰停泊在诺福克海军基地。这位军士长带我来到基地的一幢大楼，我们登上台阶到了一间办公室。有一名文书军士正在打瞌睡，军士长同他打招呼时直接叫了他的名***。"我们需要一名电工助手，"军士长说，"你这儿能有一个给我们吗？"

---

* 弗恩，弗农的简称。——译者

** 繁文缛节，原文是 red tape，字面意思是"红带子"。据说旧时英国官场常以红带子捆住文件，于是 red tape 成了公文的代称，进而引申为"繁文缛节""官样文章"。跳过某些繁文缛节，就说 cut through the red tape。有一个笑话，说有一人申请扩建自己的私人住宅，要填一大堆表格，就抱怨说如果能 cut through the red tape 就好了。一位来访的朋友听了，说你不喜欢红带子，要剪掉它？我这儿正好有一把剪刀，还有一些蓝带子，你剪掉红带子，换上蓝带子就好了。——译者

*** 叫一个人的名而不带姓，表示关系亲近，是老熟人。——译者

这位文书军士消失了几分钟,然后带着一些文件回来了。"我们有三个。"

"你能给我们派一个吗?"

"没问题。我明天就叫他带着这些要签字的文件到你们那儿去。"

我的第二个跳过繁文缛节的例子涉及海军的免费图书计划。在第二次世界大战期间,海军部决定印刷一些廉价的平装版虚构小说和非虚构作品,任何服役人员都可以免费获得。我曾经试图弄到我们一位军官想要的一本书,结果白忙一场。一天下午,我们的舰正系泊在诺福克,我走过一幢建筑,那建筑有个牌子,表明这里是一个图书仓库。我问那值班的水兵,我能不能得到某本书。

"当然可以。"他说。然后他补充说:"我们正为怎样处理掉这些书伤脑筋呢。有一辆手推车停在外面。如果你喜欢,你愿意拿多少书就可以拿多少书。你们船上有书柜吗?"

"有。"我说。我记得休息区的一个角落里有一个空书柜。

我花了半个小时挑选书。我们的士兵基本不关注这些书,但军官们很高兴。一位海军少尉得到一本关于管道系统的教科书,特别开心。他告诉我,他一直想能够做他自己管道系统的修理工作*。

---

* 管道系统,原文是 plumbing,也指人体内的"管道"。作者这样说,似有调侃之意。——译者

第十三章

海军(Ⅱ)

除了百慕大和古巴的关塔那摩湾,英国是我在海上岁月里唯一能够拜访的外国人家园,而那里唯一能够拜访的城市是利物浦。由于法西斯德国的轰炸,这个城市的许多建筑仍然是废墟一片。我逐渐熟悉了莱姆街*上的那些酒吧,这条街是妓女们聚集的地方。我记得曾帮助一名年轻的妓女穿上她的大衣。她用一种方言说了什么,我理解为"先生,你的善良让人受不了"**。我在一家大型旧书店买了几本詹姆斯的书,把它们邮寄给父母,请他们给我保存。那位卖我书的年轻女子给出了一个动人的微笑,暴露了她有好几颗门牙缺失。信不信由你,我不知怎的早先就知道,利物浦是英格兰的奥古斯特·孔德(Auguste Comte)***学会总部所在地。我想这总部的建筑里可能有一家博物馆或一家商店,我居然走到了那幢建筑,结果只是发现大门紧锁。

"波普"号上有着一位无师自通的丑角。他的姓名我还是不说了

---

* 莱姆街(Lime Street),也有意译成"石灰街"的。利物浦市中心主要街道,该城市规模最大且历史最久的车站就在这条街上。——译者

** 原文是 your kindness is crushing。这样说显然不合情理。按常理,这句话应该是 your kindness is appreciated(谢谢你的好意)。——译者

*** 奥古斯特·孔德(1798—1857),法国哲学家。最早提出实证主义学说,是社会学的创始人。——译者

吧,万一他还有孩子在世上呢。就叫他X。他一直不停地要求调到陆上去,理由是他经常尿床。一天晚上,像往常一样,我们全舰熄灯,在黑暗中航行(甚至在甲板上划一根火柴也有可能被一艘德国潜艇发现)。X作为舰桥瞭望哨在值班。突然他打开了一盏巨大的探照灯!他要看看他手表上是什么时间!

我们舰上有一个吉祥物,那是一条友善的杂种犬,名叫"海草"。有一天,我被"海草"的吠声闹得一直醒着,之后我就对X说,这条犬已变成一个令人讨厌的东西,应该有人把它扔出船去。第二天"海草"失踪了。时至今日,我仍然受到良心的责备,因为我怀疑X把我的话当真了。X的父亲是一个南方的农夫。有一天X给我看了他爸爸的一封来信。其中结束语用了"Sincerely yours",接下来又签了全名*。

在某些方面,X远不是傻瓜。船上偶尔会在其扇形尾部放一场电影。这当然会吸引大批观众。为得到一个近距离的座位,X发现他可以坐到银幕背后,看这电影的镜像形式!

当我不在文书军士的小间里工作时,我还有另外两个职责。一个是在晚间午夜班给船操舵,另一个是坐在舰桥上做右舷瞭望哨。那是多么美好的回忆!白色的浪花冲过船舷,海风扑面而来,我心中想起约翰·梅斯菲尔德(John Masefield)**的《海之恋》(Sea Fever)中的伟大诗句:"……浪花奔涌,水沫飞扬,海鸥在叫嚷。"总有海鸥飞近我们的舰,等待垃圾抛出舰外。

我应该提一下,护航驱逐舰相当小,因此它不停地在波浪起伏的大海上颠簸。我上舰之后,整整三天都晕船得厉害,以致我打算只要舰一

---

* 这是写给不太熟悉的人,或者写给团体、机关的信的结尾格式。——译者

** 约翰·梅斯菲尔德(1878—1967),英国诗人。早年在商船上当水手,后来便以大海和海上生活为主题创作诗篇。著名作品有《咸水谣》(*Salt-Water Ballads*)、《永恒的慈悲》(*The Everlasting Mercy*)。1930年被封为桂冠诗人。——译者

靠码头,我就擅离职守上岸去。但是过了几天,我感觉就好多了,而且再也不晕船了。说实在的,这大海越波涛汹涌,我就越喜欢它,因为这时被鱼雷击中的危险就越小。

在我上"波普"号之前,这艘舰竟然把一艘德国潜艇原封不动地俘获过来,并把它拖到了美国!这是第一次发生这样的事情,当然是高度保密的。这艘被俘获的潜艇如今被展示在芝加哥的科学与工业博物馆里。

另有一次,一艘德国潜艇被我们的深水炸弹重创,浮上了水面。那艇长宁可下令弃船,然后把他的潜艇弄沉,也不愿让潜艇被俘获而拖到美国。潜艇的船员们则分散着上了我们这组姐妹舰。后来,德国投降后,一艘潜艇向我们投降,我们把这艘潜艇和它的部分船员护送到了我们在诺福克的大本营。

我记得我们的船员是那么的惊奇,因为他们发现德国水兵同我们一样,是一些脾气温和的小伙子,也庆幸于战争的结束,而且急于同我们的水兵交朋友。德国军官们则是另一个品种。他们吃惊于我们的一些军官是犹太人,而且舰上甚至还有黑人水兵。直到战后,我们的海军才变得完全融合。在整个战争期间,黑人睡在舰上的一个幽僻的角落,他们是军官们的仆人。

我们舰上的无线电军士长萨姆·霍尔(Sam Hall)——他负责我们的密码机——战后被证明原来是亚拉巴马州的共产党头头!萨姆和我成了好朋友。当我受指派在午夜班(12:00到4:00)给船操舵时,萨姆会在驾驶室陪伴我,同我聊政治。我知道他持左翼观点,并且赞赏俄国,但是我不知道他已经是一名活跃的共产党人,直到我在《纽约时报》上看到一个关于他的故事,以及他的照片。战后没过几年,我得知他死了。

当对日本的城市扔了两颗原子弹的消息通过内部通话系统传来时,我是舰上唯一意识到对日本的战争已经结束,世界已经进入一个原子时代的人。我知道我们在研究原子弹的事,因为在芝加哥大学做媒体关系工作的任何人,对校园里发生的事情可说无所不知。我知道费米和他的手下正在斯塔格操场地底下的一个实验室里研究这种炸弹。早晨,当我离开我的卧室走到校园里时,费米会蹬着他的自行车从我身边经过。

一位塔尔萨的朋友,贝蒂·默里(Betty Murray)[后面将有一章是专门讲鲍勃·默里(Bob Murray)和贝蒂·默里的],战争期间在校园附近工作,为所谓的曼哈顿计划做秘书。一天,一位办公桌靠近贝蒂的女士说:"我真希望知道这个计划到底是为了什么。"

"你不知道?"贝蒂应道,"他们正在试图制造一颗原子弹。"

房间里顿时一片寂静。第二天,贝蒂受到一名联邦调查局探员的造访,他想知道她是怎么会知道这事的。贝蒂说:"嗨,这所大学的每个人都知道。"她甚至可能提到了我。不管怎么说,联邦调查局没人来找过我。

当我们的两颗原子弹结束了同日本的战争时,"波普"号并没有从它总在巡航的大西洋转移到太平洋。事实上,这艘舰对海军来说已不再有任何价值了。"波普"号同它的4艘在战争中幸存的姐妹舰一起,被命令驶到佛罗里达州的绿湾泉,准备退役。

弗农·皮茨和我是当时舰上的两名文书军士。这时在海军基地附近的陆上,一个设备破旧的流动小游艺场正在营运。我记得当我解释一种游艺场游戏中的"鬼把戏"时,弗恩是多么地觉得好笑。这种游戏要求摆动吊在一根链子端头的一个重球,使得它错过一根保龄球木柱,但回摆时却把它击倒。游艺场的人称这种游戏是一种"双通道商店",这意思是操纵者总可以让游戏者在一次试玩中赢得一分,但当你付了钱要玩一轮后,这一分准保会丢失。

在绿湾泉,弗恩是调到其他什么地方去了,还是退伍了,究竟是哪一种去向，我忘了。结果留下我一人负责舰船退役的文书工作。正是在那时，我写了一首关于"波普"号历史的长诗，叫作《再见，老同事姑娘》(So Long Old Girl)。你可以在我的《来自超空间的精灵》一书中找到这首诗。

我退伍后，搭乘一辆巴士去塔尔萨，中途在新奥尔良作停留，为的是听一些迪克西兰爵士乐。为搞清楚有些什么乐队，它们正在哪儿演出，我去了一家为各支爵士乐队经营订票业务的营业处。正是在那儿，我遇到了传奇般的人物邦克·约翰逊(Bunk Johnson)。他从纽约城回来（他先前在那里吹小号，还有一群老年黑人朋友同他在一起）。邦克只是前不久才被人们发现在新奥尔良的稻田里干活，并且迫切需要装假牙。我同他聊得很开心。为证明他这把年纪还那么身手灵活，他坐在一张椅子上，把双腿举到了他颈后！

一位负责这家营业处的姑娘问我玩什么乐器。我半说谎地回答了"长号"。事实上我在舰上发现一支被人扔掉的破旧长号，而且我在一间空着的下层舱室里自学了怎样演奏简单的曲子。如今，当没有更值得的事情可做时，我就练习我的音乐锯，自娱自乐！

我在新奥尔良法语区的一家廉价旅馆里住了两晚。我记得曾停下脚步同一名年轻男子闲聊，他正站在一家卡巴莱*的前面，竭尽全力劝说路过的人进去并看歌舞表演。我提到我觉得这个城市的每一个出租车司机都是皮条客，因为有那么多的司机停下车来问我是否想见个妓女。"确实如此。"他说。然后他笑了，并补充道："我自己就是个皮条客。你愿意会一位歌舞团的姑娘吗？"

不久我就回到了塔尔萨，同我的父母团聚，并且终于能够脱下我的蓝色水兵服。我把我那大黑胡子刮个干净，那是我在离舰前留下的。

---

*卡巴莱，一种有歌舞或滑稽短剧表演助兴的餐馆或夜总会。——译者

◆ 第十四章

《绅士》和《汉普帝》

战争结束,在塔尔萨作了一个短暂停留后,我又回到了芝加哥大学地区,住在离第55街不远的一个枯燥沉闷的单人房间里。我的窗一打开就是一个通风井。我的妹妹朱迪思来看我,这要多脏有多脏的窗子令她震惊不已,她坚决要把这窗子擦洗一下。当时我仅有的财产是一只闹钟、一些书籍,但是没有收音机。我把我阅读和思考的笔记写在3英寸×5英寸*的档案卡片上,它们被存放在女鞋鞋盒里。这些鞋盒是我从鞋子商店里捡来的,不要钱。当我剪贴图书上的段落时,我就用4英寸×6英寸的卡片,它们被放进男鞋鞋盒里。我把这些鞋盒都保存在房间的壁橱里。

许多年之后,我的老朋友肖,就是那位歇洛克书籍物品的收藏家,来看我。他仔细翻查我的4英寸×6英寸的卡片,看看我一直在读些什么书。令他震惊的是,他发现我竟然从一本珍稀的初版《了不起的盖茨比》(The Great Gatsby)**上剪下内容片段贴到卡片上!我在买下这本书时它当然不那么珍稀。

---

* 1英寸约为2.5厘米。——译者

**《了不起的盖茨比》是美国作家弗朗西斯·斯科特·基·菲茨杰拉德(Francis Scott Key Fitzgerald,1896—1940)的著名中篇小说,描述退役军官盖茨比(Gatsby)痴迷于当年的情人黛西(Daisy),最终却因黛西而被人所害的故事。——译者要不是发生了一件成为我人生巨大转折点的事,我本来是可以回到我在媒体关系办公室的老职位上去的。我把一个短篇小说卖给了《绅士》(*Esquire*)杂志! 这小说名字叫《自动扶梯上的马》(The Horse on the Escalator),说的是一名男子,他专门收集关于马的一些东拉西扯的笑话。样本:

一名男子,带着一匹马,试图乘上马歇尔·菲尔德百货公司的一台垂直电梯。

"对不起,"那开电梯的姑娘说,"你不能带着那匹马上电梯。"

"但是小姐,"那男子答道,"它乘自动扶梯会晕梯。"

这小说发表后,我给《绅士》寄了封信,用的是伪造的姓名和地址。《绅士》把它登了出来。那信上说,我非常欣赏这篇小说,并想补充一个那故事中缺失的关于马的笑话。

《绅士》收到了一大批对我小说表示喜欢的真正的邮件。有人告诉我,斯克尔顿在他的电台节目中提到了这篇小说。作为这样的读者反响的一个结果,《绅士》的编辑弗雷德·伯明翰(Fred Birmingham)请我吃午餐。那是在一家高档的芝加哥餐厅。我还记得衣帽存放间的那个女孩在接过我的旧海军厚呢上装时,是怎样的皱眉蹙眼,差点要把自己的鼻子捏住。这衣服散发出一股强烈的柴油味,那是因为有一次在"波普"号上,新加的油从油舱里溢出,涌进了我们的存物柜。

弗雷德要求我再给一篇小说。我就将我最著名的科学幻想故事《无侧教授》"恩赐"给了他。我那时已经迷上了拓扑学,这是数学的一门分支,研究的是对象的不管经怎样扭转或弯曲仍保持不变的性质。它有时被称作橡胶膜几何,因为无论你怎样拉伸或扭曲一张上面画有一幅图形的橡胶膜,这图形的拓扑性质都不会改变。例如,一条封闭的曲线总是把这张膜分为两个部分,即内部和外部。这叫若尔当定理,它很显然，但不是那么容易证明。而且这条曲线还有着更多奇妙的拓扑性质。

我给《绅士》的第二篇小说，说的是一位拓扑学家，我称他斯拉佩纳斯基教授。故事涉及他对默比乌斯带一个变种的发现。一条普通的带子有两个侧面和两条边缘，但如果你把这条带子扭转半圈，然后把两端粘起来，它就变成单侧单边了。斯拉佩纳斯基发现了一种方法，可以做出一个**无侧**曲面。当你把带子的两端粘起来，这东西就没了！当斯拉佩纳斯基向他的论敌——一位名叫辛普森的数学家——动手攻击时，我的故事就变得比较疯狂了。他把辛普森折叠成他那无侧曲面*的一个三维模型，可怜的辛普森就消失了，只留下一堆衣服。一家法国杂志翻译了我这个荒唐的故事，而且它还被好几本科学幻想小说集子收入。

弗雷德要求我提供更多的小说，于是有一两年时间，我就靠来自《绅士》的收入生活。除了少数例外，我在《绅士》上发表的小说都收在我的文集《无侧教授，以及其他幻想的、幽默的、神秘的、哲学的故事》(*The No-Sided Professor, and Other Tales of Fantasy, Humor, Mystery, and Philosophy*)之中。

后来《绅士》突然变更了所有权，把它的办公室搬到曼哈顿去了，而且弗雷德也不再是编辑了。新来的编辑不喜欢我这种怪路子的幽默，于是我的市场像辛普森教授那样消失了。然而，既然知道了我其实可以通过写作得到报酬，我决定搬到纽约城去。美国大多数的杂志在那儿编辑，还有如此多的书籍在那儿销售和出版。

我向一些小杂志推销我的小说，但成功的数量少到微不足道，靠这点收入来维持生活是不可能的。当然，我收集了十几份退稿的信件和明信片。那些退回来的小说中，最糟糕的名叫《奥卡姆剃刀》

---

* 原文是 his one-sided surface[他那单侧（一侧）曲面]，似误。——译者

(Occam's Razor)。我很久以前扔掉了这手稿。尽管我的记忆现在已经模糊了,但还能说得出其情节大致如下。威廉·奥卡姆(William Occam)是一位才华横溢但又很古怪的男青年,他住在曼哈顿的西区,离中央公园不远,生活则靠住在奥马哈市的富翁父亲资助。比尔*痴迷于一个欲望,即要简化他的生活。他住在一间小小的卧室里,拥有的物品少到不能再少。他那些破旧的衣服和便鞋来自一家救世军**商店。作为托斯丹·凡勃伦(Thorstein Veblen)***的一名拥趸,比尔没有手表,没有戒指,也没有收音机,只有一台老旧的安德伍德(Underwood)****打字机。像他的另一位偶像梭罗那样,他仔细地记录着他每天在中央公园观察到的各种生命——走兽、飞禽,甚至昆虫。他正在写一本关于这个公园的书,他称之为《曼哈顿的瓦尔登湖》(Manhattan Walden)。

当他与格林尼治村的一位画家坠入爱河后,生活就变得复杂了。不久他们结婚了。这时他被迫要去找个工作,但是除了在兰登书屋(Random House)做个听人使唤的跑差外,他找不到更好的职务了,而做跑差是他所鄙视的工作。他变得越来越沮丧。最后的打击来了:他妻子生了三胞胎。比尔用一把剃须刀片割了喉咙,结束了他悲惨的一生。我的最后一句大抵是"这道割口是一条完美的测地线,是他脖子上连接

---

* 比尔(Bill)是威廉(William)的昵称。——译者

** 救世军(Salvation Army),一个基督教组织,以布道和济贫为宗旨,其成员穿军队风格的制服。——译者

*** 托斯丹·凡勃伦(1857—1929),美国经济学家。制度经济学的创始人。主要著作有《有闲阶级论》(The Theory of the Leisure Class),书中第四章提出"炫耀性消费"的概念,即通过购买品质大大超出必需的昂贵的奢侈品,来炫耀自己的富有和地位。——译者

**** 安德伍德,美国打字机品牌。该公司创建于1895年,于1959年被意大利的奥利韦蒂股份公司收购。如今安德伍德打字机已成为一种收藏品。——译者

两点的最短且最简单的曲线"。*

我确实收到过一份温和的退稿通知，那是来自威廉·巴雷特（William Barrett）的，他那时是《党派评论》（*Partisan Review*）的编辑。他喜欢我那些描写中央公园的段落，但觉得这小说的其余部分没有价值。当然他是对的。我仅有的另一封手写退稿信来自格申·莱格曼（Gershon Legman），那时他是《纽罗蒂卡》（*Neurotica*）的编辑。他说他们杂志不刊登虚构小说。后来我和他成了朋友，我将在其他地方说这一点。

幸运的是，一个哥们来救我了。他就是哈罗德·施瓦茨（Harold Schwartz），他前不久被父母研究会（Parents' Institute）**聘用，要创办一系列给孩子们看的通俗杂志。这些新杂志之一，是《汉普帝·邓普帝》（*Humpty Dumpty*）***。打算设定它的编辑不是别人，正是汉普帝自己，他有一个小儿子，叫小汉普帝·邓普帝。杂志的这个名字是父母研究会老板的老婆提出的。她还建议每一期要有一个讲述小汉普帝冒险经历的故事，以及老汉普帝给他儿子的一首道德规劝的诗。这故事和诗都被认为会被一位父亲或母亲大声朗读。

哈罗德——愿上帝保佑他——聘用我担任特约编辑这个职务。在这幸福的8年中，我大多数时间在家工作。我写小汉普帝的故事和那

---

* "奥卡姆剃刀"是英格兰经院哲学家奥卡姆（William of Occam，约1285—约1349）提出的一个著名的原则，即"若无必要，不应增加实在东西的数目"，应把所有无现实根据的"共相"一剃而尽。作者的这篇小说想幽默地给出别样的诠释，似有犯忌，且结尾又嫌血腥，显然不成功。——译者

** 据查，父母研究会是美国的一家股份有限公司，是《父母》（*Parents*）杂志的出版商。据本书，它还出版其他一些儿童杂志。父母研究会与《父母》杂志出版社是什么关系，这里似乎涉及一个集团性企业的机构设置和名称标识的问题，我们不细究了。——译者

*** 汉普帝·邓普帝，英语童谣——例如《鹅妈妈童谣》（*Mother Goose Nursery Rhymes*）中的人物，一个蛋形矮胖子。——译者

些诗,还为一年10期(夏天的月份被跳过)的每一期杂志提供了那种会损毁杂志纸页的活动专题。你折叠一张杂志纸页,可改变那上面的一幅图画;或者把这纸页举起来对着一盏灯,可看到它背后的某件东西;或者把某件东西穿透一张纸页(例如剪刀的刀身,来模拟一只仙鹤的喙在一张一合);或者把一条带子穿过开在纸页上的窄缝来回抽动;或者转动一个钉在纸页上的圆,等等。

例如,在第一本圣诞节特刊上,我搞了一个专题,要你把圣诞老人塞进一个烟囱里,然后翻转纸页,把他从壁炉里拖出来。后来的一个专题表现了托尼是怎样吃意大利细面条的。你把一段白色细绳放在纸页背后,然后通过托尼嘴巴中的一个洞把这细绳的一端拔出来。把细绳拖进托尼的嘴巴,你就可以看到他在吮吸意大利细面条。

那个时候,谢丽·刘易斯(Shari Lewis)*有一个当红电视节目,她在节目上通过一个名叫"羊排"(Lamb Chop)的布袋木偶展示了她超高水平的口技。谢丽还喜欢插进一些让人开心的特技表演和简单的魔术。[她父亲是一位职业魔术师,他以彼得·潘(Peter Pan)**的名字在纽约城演出。]谢丽被我的托尼专题逗得乐不可支,她把它放大后在她的节目中演示!

我的活动专题的灵感来自乔治·卡尔森(George Carlson),他是一本名叫《约翰·马丁之书》(*John Martin's Book*)的儿童杂志的美术编辑。在20世纪20年代,它是我童年的欢乐,这主要是因为它有一个卡尔森的专页,叫作"智力趣题创作者彼得"(Peter Puzzlemaker)。在每一个专

---

* 谢丽·刘易斯(本名Sonia Phyllis Hurwitz,1933—1998),美国口技演员、木偶戏演员、儿童娱乐工作者、电视节目主持人。多才多艺,还擅长影视表演和配音、魔术、杂技、杂耍、溜冰、巴东棍韵律操、钢琴、小提琴、舞蹈、唱歌等,并写了60本青少年读物。——译者

** 彼得·潘其实是苏格兰小说家詹姆斯·巴里(James Matthew Barrie,1860—1937)的长篇儿童文学《彼得·潘》(*Peter Pan*)中的主人公。——译者

页上，彼得总会介绍一道形式简单的智力趣题，并配上一幅场景插图，图中有意安排一个好笑的错误。我记得我那时在答案于下一期发表之前，是多么急切地思索着每一道智力趣题，搜寻着图中那个错误。这些错误隐藏得很狡猾，然而一旦你找到了它们，它们又是那么明显。比方说一支蜡烛，它的烛泪是向上滴而不是向下滴，或一颗星星居然在一枚新月的两角之间。卡尔森也做要割开或折叠纸页的专题。可以说，我为《汉普帝》杂志在卡尔森歇手的地方接过了班。

卡尔森是一位有趣的画家，他理应受到人们的认可。他为《约翰·马丁之书》设计了许多封面。他写了和画了许多儿童读物。他为《飘》(Gone with the Wind)的初版设计了护封的封面。如果你想要知道更多关于卡尔森和他朋友约翰·马丁(John Martin)的事，请看我的文集《从浪迹天涯的犹太人到小威廉·F. 巴克利》的第9章"《约翰·马丁之书》：一本被遗忘的儿童杂志"。许多年之后，我为卡尔森的书《智力趣题创作者彼得》(Peter Puzzlemaker)编了个新版本，接着是《智力趣题创作者彼得归来》(Peter Puzzlemaker Returns)，那是从《约翰·马丁之书》后来各期的卡尔森专页中选编的。

我从来未能使一个出版商有兴趣出版以我那几百个活动专题为基本内容的书。出版商们不情愿出版这样的书是可以理解的：如果它们的书页有可能被撕走，那么没有一家图书馆会购买。然而，我确实说服西蒙与舒斯特出版公司(Simon and Schuster)以我为《汉普帝》杂志写的80首诗做了一个选集。这本书早已绝版了，它的书名是《绝不要把乌龟当作笑谈，我儿应心胸放宽》(Never Make Fun of a Turtle, My Son)。这首诗名被用作书名的诗如下：

绝不要把乌龟当作笑谈

绝不要因乌龟赛跑时移动过慢

而把它当作笑谈,我儿应心胸放宽。
它喜欢缓慢动弹,且认为**你的**跨迈,
实在可怕而令人神经崩坏。

绝不要因海狸的牙齿硕大厚坚
而把它看扁,我爱当铭记心间。
它奇怪你的牙齿怎么都如此细纤,
且认为**你**咧嘴一笑很是粗贱。

从鼻子到脚趾,狗熊浑身棕褐。
若因此围观哄笑,天平显然倾侧。
狗熊**喜欢**自己棕褐,且认为你是丑陋角色,
把脸涂得煞白,就像白纸铺设。

确实,小长颈鹿脖子有悖常理。
若因此嘲笑取乐,实属野蛮无礼。
我告诉你,像它爸爸它很**得意**。
如果它的身体
弄到像你这般田地,它会

愤恨不已!

在曼哈顿生活期间,在我为《汉普帝·邓普帝》工作的日子里,我频繁地向《新领导》杂志投稿书评和文章,没有报酬。这是一本每周一期的民主社会主义期刊,它持坚定的反共产主义立场。那个时候,对于左翼杂志来说,这样做是罕见的。我会去《新领导》那间昏暗肮脏的办公室,那时这本杂志的创办人索尔·莱维塔斯(Sol Levitas)是编辑。在那里我会挑选一本我想为之写书评的书。我写的一篇文章是《H. G. 威尔斯,草率的反共产主义者》(H. G. Wells, Premature Anti-Communist)。另一篇,《史密斯先生去塔尔萨》(Mr. Smith Goes to Tulsa),是说塔尔萨是

怎样用"沉默相待"这种方式来对付臭名昭著的杰拉尔德·L. K. 史密斯(Gerald L. K. Smith)*牧师大人在1947年到塔尔萨定居这件事的。这两篇文章可以在我的《序和惊奇》一书中找到。《新领导》一直勉强维持到2008年,那年它变成网上出版的双月刊。

哈罗德离开父母研究会去创办了格林伍德出版社(Greenwood Press),现在这家出版社出版着各种各样的学术刊物。它最初出版的两本季刊,是我向哈罗德建议的。一本是《趣味数学杂志》(*Journal of Recreational Mathematics*),一本是《词的方式》(*Word Ways*)。后者是致力于趣味语言学的。这两本期刊如今仍在出版。哈罗德通过重印整套的旧左翼期刊赚了一大票。这些配有专家引言的期刊合集,被美国的图书馆疯抢。我没有能够让哈罗德相信,整套的专门登侦探小说的和专门登科学幻想小说的旧通俗期刊,可能同样抢手。

我写给《汉普帝》的诗歌有许多在一些儿童诗歌选集中重印,而且有一篇小说出现在一张唱片中。后来克卢茨图书公司(Klutz Books)花钱向我买下《汉普帝》中的一批活动专题,用在一本书中,这本书是介绍一个孩子在旅行期间可做些什么事的。当然,专题中的插图必须重画,因为我没有艺术作品重印权。

有两次我到父母研究会的办公室工作,编辑其他两本儿童期刊的开头少数几期。一本叫作《猪猪》(*Piggity's*)。本来打算是叫它《小猪扭扭》(*Piggly Wiggly*)的,但是那家同名的连锁杂货店已经把这个店名给注册了。我为每一期写了一个小猪的故事。这本杂志仅维持了几期。

---

* 杰拉尔德·L. K. 史密斯(1898—1976),美国基督门徒教会牧师、极右翼政客。美国大萧条时期,是经济民粹主义的"分享我们的财富"运动的领导者,后又创建了反犹太主义的基督教民族主义十字军(Christian Nationalist Crusade),1943年创建了主张孤立主义的美国第一党(America First Party)。曾三次(1944,1948,1956)竞选美国总统,均惨败。——译者

我启动的另一本杂志是《波莉的辫子》(*Polly Pigtails*)。我就是波莉,我为它的每期封面写一封给年轻姑娘读者们的信。我还提供不署名的补白材料,其中是要制作的东西和对朋友开的玩笑。这本杂志于1941年改名为《呼叫所有女孩》(*Calling All Girls*)*。它于1955年再次改名为《年轻小姐》(*Young Miss*),而于1986年改成YM。它如今以这个名称仍然办得很好**。

父母研究会在哈罗德的管理下,还出版一本月刊,叫作《儿童文摘》(*Children's Digest*)。我为它提供的不仅有文章还有补白材料,如智力趣题和谜语。它同《汉普帝·邓普帝》一样,如今仍然也是十分红火***。

像在芝加哥一样,生活在曼哈顿是另一个令人满意的经历。我有一段印象深刻的记忆:我坐在一辆地铁车厢的边座上,夏洛特坐在我身旁,那时约六个月大的吉米把头搭在我肩上,睡得正香。旁边经过的每个人都不约而同地给我们一个微笑。我想:"我在这儿,在一个世界上最伟大的城市当中,我心爱的女人紧靠着我,儿子睡在我的怀抱中。我还能要什么呢?"那是我一生中最幸福的时刻。

---

* 显然有误。1941年二战正酣,作者刚入海军,而这里说的是战后的事。据查,《波莉的辫子》于1946年1月创刊,1949年5月号改名《波莉》,1950年以《姑娘们的乐趣和时尚杂志》(*Girls' Fun and Fashion Magazine*)的名称出了5期(至9月号),此后销声匿迹;而《呼叫所有女孩》是1941年9月创刊的另一本杂志,虽然它也是由《父母》杂志出版社出版的。——译者

** 这里的说法似可商榷。据查,YM杂志的历史可以追溯到1932年,《呼叫所有女孩》是它的前身之一。它已于2004年停刊。顺便说一下,YM不是Young Miss的缩写,它先是Young & Modern(《年轻与摩登》,于20世纪80年代改的名),后又是Your Magazine(《你的杂志》,于2000年改的名)的缩写。——译者

*** 《儿童文摘》和《汉普帝·邓普帝》于20世纪80年代初被卖给了美国《星期六晚邮报》(*Saturday Evening Post*)公司。《儿童文摘》于2009年被并入该公司的另一本儿童杂志《杰克和吉尔》(*Jack and Jill*)。——译者

第十五章

《科学美国人》

我人生中第二幸运的事情——第一幸运的事是遇到夏洛特——是我与《科学美国人》的合作。下面是这件事的发生经过。

一天下午,我去看望纽约城的一位股票经纪人,他叫罗亚尔·V.希思(Royal V. Heath)。我们是通过对魔术的共同兴趣而成为朋友的。希思此前写了一本关于数字戏法的小书,而我已经在《数学手稿》(*Scripta Mathematica*)上发表了一系列关于数学魔术的文章。这是一本由耶希瓦大学的叶库蒂尔·金斯伯格(Jekuthiel Ginsburg)编辑的刊物。金斯伯格还在这所大学组织聚会,听数学家讲一些趣味的话题。我的文章后来编进一本名叫《数学、魔术和谜团》的书,这本书如今仍然以多佛出版公司的平装本在重印。

希思给我看了一个我以前从未见过的数学玩具。这是一个大型的布制构造,叫作变脸六面六边形(hexahexaflexagon)。你可以用一种特定的方式让它"变脸":把它打开,然后又把它折叠回来,整个一面就显示成另一种颜色了。希思告诉我这是普林斯顿大学的一群研究生发明并研究的。它名称中的一个"六"表示多边形的边的数目,另一个"六"表示通过变脸操作能够呈现的不同的面的数目。希思给了我其中一位学生的姓名——约翰·图基(John Tukey),图基后来成了一位著名的数学家。

我之前卖给过《科学美国人》一篇关于逻辑机器的文章。这时我突然想到这家杂志有可能会花钱买一篇关于变脸多边形的文章。我驱车去了普林斯顿，在那儿我遇见了图基，还有布赖恩特·塔克曼（Bryant Tuckerman），他是"塔克曼穿程"（Tuckman Traverse）的发明者，这是一种将一个变脸多边形的所有面都找出来的方法。阿瑟·斯通（Arthur Stone），变脸多边形的实际发现者，不在那儿，因为他住在英国。理查德·费恩曼（Richard Feynman）也不在，他已是加州理工学院的著名物理学家。在普林斯顿大学的时候，他是变脸多边形理论的主要贡献者。

《科学美国人》一把拿去了我的关于变脸多边形的文章，把它登在了1956年的12月号上。整个纽约城，只要是这本杂志的读者，特别是那些在广告营业所的，都在制作和摆弄变脸多边形。如今大约有50个网站专门讨论变脸多边形的理论以及其原始形式的变种。

杰勒德·皮尔（Gerard Piel），《科学美国人》的出版人，把我叫到他办公室，问是否有足够多像这样的素材来做一个每月一期的专栏。我说我确信是有的。我立刻跑到曼哈顿的旧书店区（当时就在格林尼治村附近），买下了所有我能找到的关于趣味数学的书，尤其是W. W. 劳斯·鲍尔（W. W. Rouse Ball）经典的《数学游戏与欣赏》（Mathematical Recreations and Essays），以及其他人写的一些相对不太出名的作品。我提交了我的第一篇专栏文章，说的是一种奇怪的幻方，它迫使人选择某一个数，虽然这种选择看上去是随意的。《科学美国人》把这个专栏叫作"数学游戏"（Mathematical Games），它的首字母碰巧与我姓名的首字母一致。其余的事就是历史了。

为这个专栏写文章写了25年以上，这是我一生中最为愉快的事情之一。如果你把我所有的专栏文章都看一下的话（它们被编成15本集子，由剑桥大学出版社出版），你会发现它们在数学上稳步地越来越成熟了，这是因为我在学习数学。我在大学里连一门数学课也没念过，不过我很喜欢我在中学里学的低层次的数学。而且,我还是个孩子的时候,就被萨姆·劳埃德(Sam Loyd)的皇皇巨著《数学趣题大全》(Cyclopedia of Puzzles)所引导而认识了趣味数学,自那以来,我一直都很喜欢趣味数学。

写这些专栏文章的乐趣之一,是让我结交了那么多顶级的数学家,当然我不是数学家。他们对我这个专栏的贡献远远超出了我能写的东西,而且是这个专栏越来越受大众欢迎的一个主要原因。它成功的秘密,就在于这是我不懂数学的一个直接结果。甚至到今天,我的数学知识也只是扩展到刚过了微积分而已,而且就是微积分,我也仅仅有个模糊的理解。结果,我就不得不去努力理解我所写的东西,而这就促使我以其他人能够理解的方式来写作。

第一批为我的专栏作出贡献的优秀数学家之一是所罗门·戈隆布(Solomon Golomb)。我偶然看到他还是青年时写的一篇论文,论述的是多联骨牌(polyominoes)——把一些单位正方形沿着它们的边拼合起来而形成的板件。索尔(Sol)*把它们命名为多联骨牌,他同样也对其中用了 n 个正方形的板件子集进行了命名。单独一个正方形就叫单骨牌,用了两个正方形的叫二联骨牌**,用三个的叫三联骨牌,四个的就是四联骨牌,而五个的就是五联骨牌。找出一个计算 n 联骨牌(n 给定)有多少种的公式,如今仍是一个深刻的未解决的组合数学问题。

我的第一篇关于戈隆布那 12 种五联骨牌的专栏文章蹿红了。我在后来的几篇专栏文章中又继续讨论了多联骨牌。现在它们是趣味数学的一个生机勃勃的分支。关于这个主题有两本优秀的图书已经出版,其中一本是戈隆布写的。

---

* 索尔,所罗门的简称。——译者

** 即多米诺骨牌。——译者

多联骨牌当然有其在更高维空间的堂表亲戚。在三维空间,这些亲戚被称为"多联立方体",即由一些单位立方体以面面结合的方式形成的块件。由多联立方体构成的最著名的拼块游戏玩具是由皮特·海因(Piet Hein)发明的。海因是丹麦最著名的诗人。他的那些包含着他那警句式短诗歌(被称为Grooks)的、全部由他自己巧妙地配上插图的图书,不但在丹麦,而且在我们美国这儿,几乎到处有售。

海因的多联立方体拼块游戏玩具,叫作索玛(Soma)。它由七个非凸的块组成,每个块可用三四个单位立方体形成。就像七巧板的7块板可拼成一个正方形那样,这7个索玛块会拼成一个立方体,同样也能拼成各种各样的形状(这又像七巧板),模拟诸如建筑物、家具,甚至动物之类的东西。就像我关于多联骨牌的专栏文章一样,我关于索玛以及其他多联立方体拼块游戏的专栏文章,开辟了数学游戏的另一个广阔的领域。

著名的英国数学家康韦如今在普林斯顿大学*,他和他的一位朋友首先证明了(是用手工,不是用计算机!):如果不计旋转和反射,用这7个索玛块拼成一个立方体正好有240种方法。帕克公司**是美国第一家把索玛推向市场的玩具公司。在一个短时期内,帕克公司还出版着一本专门讨论索玛问题的期刊。

我后来的几篇专栏文章描述了海因的其他发明,尤其是他的二人游戏六角棋,这是一种棋盘游戏,它的棋盘是一个由许多小六边形拼成的图案。就是这个游戏,后来又被诺贝尔奖获得者约翰·纳什(John Nash)独立发明。关于纳什,人们写了书,拍了电影,名字都叫《美丽心灵》(A Beautiful Mind)。纳什用一种巧妙的方法首先证明,在六角棋中,

---

* 康韦已于2020年4月11日去世。——译者

** 帕克公司,即帕克兄弟公司(Parker Brothers),美国的玩具和游戏生产厂商,始创于1883年。——译者

如果先走者采取最佳的走法，那么他总是能赢。但是这个证明对于**怎样才能赢**却什么也没告诉你。现在关于六角棋及其变种已经有了大量的文献资料，以及少数在小棋盘上让先走者必赢的已知策略。

海因的超椭圆是另一篇颇受欢迎的专栏文章的论题。这是一种介于一个矩形与一个椭圆之间的封闭曲线。我的专栏文章使得一种超椭圆形状的桌子在丹麦制造出来并上市销售，以及导致产生了一种叫作"超级蛋"的东西。这种蛋不像普通的鸡蛋，它有一种性质：能用其一头站立，保持平衡。黄铜质的超级蛋如今仍在有科学玩具出售的商店里销售。那个自称有通灵术的盖勒有一次在英国发布了一份新闻稿，说约翰·列侬(John Lennon)*给了他一件神秘的东西，据说是乘着UFO来地球访问的外星人亲手交给他的！我对一张照片作了仔细观察，原来盖勒手里拿着的是一个超级蛋。

海因来看过我两次，我们成了好朋友。他第二次来的时候，带了他那位美丽的妻子。她是冰岛人，但已成为丹麦的一位著名女演员。她后来主演田纳西·威廉斯(Tennessee Williams)**的《热铁皮屋顶上的猫》(*Cat on a Hot Tin Roof*)时，想查对这部戏的英文剧本。这剧本在美国这儿已作为一本书出版了，于是我给她寄去了一本。海因在感谢信中还有个附言，说他正把他家里的一幅照片装进信封。这让我愣了一会儿后，才明白他在开玩笑。他是指一张10美元纸币，那背面有一幅财政

---

* 约翰·列侬(1940—1980)，英国摇滚音乐家。英国"披头士"(Beatles)乐队组建者和成员。创作了许多流行歌曲。积极参与各种社会活动，包括反越战活动。1980年12月8日晚，被一名精神异常的歌迷枪杀。——译者

** 田纳西·威廉斯(本名Thomas Lanier Williams，1911—1983)，美国剧作家。主要作品有《欲望号街车》(*A Streetcar Named Desire*)。与尤金·奥尼尔(Eugene O'Neill，1888—1953)和阿瑟·米勒(Arthur Miller，1915—2005)并称为美国20世纪三大戏剧家。——译者

部大楼的照片！这是还我给他妻子寄的那本书的书钱的。

雷蒙德·斯穆里安(Raymond Smullyan)是为我的专栏作出贡献的一位顶级数学家和逻辑学家,他成了我的好朋友。我有关于他的一则轶事。他在出版了一本现已成为经典的关于形式逻辑系统的著作后,把一批原创的象棋排局汇编在一起,在每个排局里嵌入一幅小插图,内容是福尔摩斯与华生医生的对话。为了帮助雷(Ray)*找到一家出版商,我打电话给我的克诺夫出版社(Knopf)编辑。我向她描述了雷的书稿,问她是不是愿意看一下。

她的立即回答是"不,这不是克诺夫出版社会考虑的图书类型"。

雷认定他需要一名代理人。这位代理尝试的第一家出版社就是克诺夫出版社。看了书稿之后,出版社方面就此签下了一个合同。

后来,我打电话给那位克诺夫出版社编辑——就叫她贝蒂(Betty)吧——我说:"顺便说一下,我朋友斯穆里安为他的《歇洛克·福尔摩斯的象棋谜案》(Chess Mysteries of Sherlock Holmes)找到了一家出版商。"

"是吗?"贝蒂说,"是哪一家出版商?"

"克诺夫出版社。"我说。

很长的沉默。这段时间我在想象贝蒂正从地板上爬起来。

这本书情况很好,于是克诺夫出版社接着又出版了《阿拉伯骑士们的象棋谜案》(Chess Mysteries of the Arabian Knights)以及斯穆里安的另外几本书。他很快就成了一位广受欢迎的作者。他有一本书,名字叫《本书的名字叫什么?》(What Is the Name of This Book?)。当然,这个提问用作书名,是导致悖论的自指(paradoxical self-reference)的一个例子。雷乐于发明这种东西。

斯穆里安最近的一本书,名字叫《谁知道?》(Who Knows?)。它包括

---

*雷,雷蒙德的简称。——译者

三个部分。第一部分是对我那自白式的《一名哲学写手的为什么》的一个冗长而表示同情的评论。第二部分是对基督教关于地狱的教义的一个抨击。第三部分是雷所称的"宇宙意识"(Cosmic Consciousness)。

斯穆里安喜欢讲他自己原创的哲学笑话,而且总是在讲到笑点时开怀大笑。他有一个笑话我特别喜欢。说是他做了一个梦,梦中过去所有的伟大哲学家都出现到他面前,每人各自给出了一条短短的陈述,分别表达了各人哲学的精髓所在。当每个人都讲完后,雷说了一些话,把他们的哲学驳得体无完肤,弄得这些哲学家都低下头,尴尬地离去了。

生怕会忘掉自己所说的话,雷把他那碾压性的批驳语言写在床边的一张纸上,回头继续睡了。第二天早晨,他还记得他的那个梦,但是想不起他说的话了。他找到了那张纸,看到的是这样一句话:"这可是**你说的!**"

牛津大学的彭罗斯是又一位我能近距离了解的数学天才。我有幸为他的《皇帝新脑》(*Emperor's New Mind*)写了前言,后来又为他那宏大的(1094页!)《宇宙法则的完全指南》(*A Complete Guide to the Laws of the Universe*)*写了书评。他有一次来美国,就在我们黑斯廷斯村的家里小住。晚上休息前,我递给他一个木制的益智游戏玩具,那是人家送我的,类似于中国古代的九连环。解开它需要几百步。早上彭罗斯把这玩具递给我,他解开了。昨晚他在这东西上大约花了一个小时,然后就去睡觉了。

我曾经赶到北卡罗来纳州的温莎市,去听彭罗斯在一次数学会议上的讲话。埃德·威滕(Ed Witten),这位著名的超弦理论专家,他的演讲也在议程上。彭罗斯演讲中的每一个词我都听懂了,但是威滕的演

---

* 其实这是这本书的副书名,其正书名是《通向实在之路》(*The Road to Reality*)。——译者

讲，我一句话也听不懂。他不断地提到"圈群"(loop group)。我从来没听说过圈群。我问一位坐在我旁边的数学家，我可以在哪里查到关于圈群的信息。他摇摇头，说他对这个术语也不熟悉。

彭罗斯和我有着许多共同的观点。我们都是问心无愧的柏拉图主义者，即相信数学定理和对象是被发现出来的，而不是被创造出来的，它们具有一种独立于人类文化的实在性。我们还一致认为，那种我们知道是怎样建造的计算机——也就是说，那种用导线和开关制成的东西——将永远不会达到人类的创造性智能水平。而且，我们是同道的"不可解释论者"，即确信当前神经科学家对于我们的头脑是怎样设法意识到它们的存在的，连最弱的概念都没有。哲学家丹尼尔·丹尼特（Daniel Dennett）*写了一本书，书名叫《意识的解释》(Consciousness Explained)。他离解释意识还远着呢，他的好朋友道格拉斯·霍夫施塔特（Douglas Hofstadter）**在其著作《我是个怪圈》(I Am a Strange Loop)中也没做到。我的书评，《圈能解释意识吗？》(Do Loops Explain Consciousness?)，可以在我的文集《来自超空间的精灵》中找到。

在我的《科学美国人》专栏中给了道格(Doug)***的《哥德尔·埃舍尔·巴赫》(Gödel, Escher, Bach)一个高度赞扬的评论后，我认定他是我的又一位朋友。他同丹尼特一样，是一位才华横溢的思想家和作家。虽然毫无疑问的是，我们的脑中挤满了自指的循环圈，但这些循环圈只是描述了我们头脑的运作方式。它们是怎样产生自意识的，仍然是一个漆黑的谜团。神经科学家正在取得关于脑的惊人发现，但是在我看

---

* 丹尼尔·丹尼特(1942—   )，美国哲学家。专攻心智哲学。21世纪初因无神论运动而闻名。——译者

** 这位学者有个中文姓名：侯世达。这里因涉及道格拉斯的简称，故仍用其英文姓名的音译。——译者

*** 道格，道格拉斯的简称。——译者

来,也是在彭罗斯看来,他们还远没有理解一只老鼠的心智。说神经科学是一门还处于其婴儿期的科学,应该不是对它的侮辱。

我的《科学美国人》专栏文章中对数学家有最大冲击力的,是一篇让世界认识康韦那著名的元胞自动机游戏(他命名为"生命")的文章。它是这样产生的。有一次来我家的时候,康韦问我有没有围棋棋盘。我有的。他在棋盘的格子里摆放了一些围棋棋子,然后说明了少数几条简单的规则。通过这些规则一个由棋子构成的图案可以变成另一个图案。这些规则迫使某些棋子"死亡",从而被移除,而其他的格子里可能有棋子"新生"(按规则放入棋子),结果形成新的图案。它们被称为这个游戏的"转移规则"。当"生命"在计算机屏幕上玩时,这些图案变化得十分迅速,有时留下一片空白区域,其他时候则会变得稳定,或者变成在两种或更多种图案之间振荡的"闪光交通灯"。

康韦悬赏100美元,征求找到一个初始图案,使得这片区域能不断地有棋子添加。这笔赏金被比尔·戈斯珀(Bill Gosper)赢得,他当时是麻省理工学院的一名学生。戈斯珀找到了后来被称为"滑翔机发射器"(glider gun)的东西,它可以源源不断地发射出一连串滑翔机。这些滑翔机是一种滑过页面的小构形。

康韦称他的游戏为"生命",是因为它演示了怎样根据少数简单的"定律",就可以出现像原始生命形式那样能活着、运动和死亡的复杂构形。例如滑翔机,它就像虫子那样爬过计算机屏幕。康韦首先证明了戈斯珀的滑翔机发射器把"生命"变成了一台图灵机,这种机器在原则上可以做功能最强大的计算机能做的每一件事。当然,只是速度相当慢。例如,它可以把2的平方根、π、e,或者其他任何一个无理数计算到任意位小数。它还能解方程!

我想起那一天,我收到了戈斯珀的一封说明怎样构造一个滑翔机发射器的电报。我立即把这封电报交给了朋友鲍勃·温赖特(Bob

Wainwright),他有一个计算机程序,是用于探究"生命"的形式的。他把戈斯珀的滑翔机发射器放到屏幕上,令我们惊愕的是,它开始发射滑翔机了。如果你想知道更多关于"生命"的事,你会在我的《轮子、生命和其他数学娱乐》(*Wheels, Life, and Other Mathematical Amusements*)一书中发现有三章是讲它的。

我的第一篇关于"生命"的专栏文章使康韦一举成名。这个游戏在《时代》杂志上详细介绍了。全世界有计算机的数学家都在写"生命"的程序。我听说有一位在一家大公司工作的数学家,他在他的办公桌底下装有一个暗藏的按钮。如果他正在探究"生命",而有什么管理人员进房间来,他就按一下这个按钮,计算机就会回到正在处理公司的某个有关问题的状态!其他的元胞自动机游戏也被发明了出来,但没有一个带有像"生命"那样令人惊异的优雅性和丰富性。

康韦有一次来看我的时候,给了我他的把一个立方体残忍地剖分为少数几个多联立方体的问题,他跟我说这个问题很难解。他说得对。我解不出来。几个月后,我给戈斯珀一个模型,他很快就解出来了,但不是用手工。他只是把这个问题交给了他的计算机!

康韦的另一个伟大发现是一种全新的定义"数"的方法。这也是一篇《科学美国人》专栏文章的论题。康韦不仅能够生成所有我们熟悉的数,而且他的方法还产生了我们以前不认识的数。高德纳(Donald Knuth),斯坦福大学的著名计算机科学家,对康韦的创造数的方法十分着迷,他因此把这些创造出来的数命名为"超实数"(surreal numbers)*,

---

* 出生于德国的美国数学家亚伯拉罕·鲁宾逊(Abraham Robinson,1918—1974)在1960年创建非标准分析,圆满地解决了莱布尼茨(Leibniz,1646—1716)的无穷小问题。其中他引进了超实数(hyperreal number),把实数系扩充到超实数系。这里需要指出的是,这种超实数与康韦的超实数是两回事。——译者

并写了一本完整的小说《超实数》(Surreal Numbers)*。书中说有两名考古学学生，挖出了一些石碑，上帝在那上面告诉人们怎样生成这样的数。

我非常愉快地把康韦介绍给了"分形之父"伯努瓦·芒德布罗(Benoit Mandelbrot)。芒德布罗住在韦斯特彻斯特县的另一个镇上，离我家不远。他来到我家后，就和康韦在那儿讨论远远超出我理解的事情。康韦一直在彭罗斯镶嵌上有新的发现，而芒德布罗很感兴趣，因为彭罗斯镶嵌图案是分形。你可以不断地放大或缩小它们，结果总是得到相似的图案。

我关于彭罗斯镶嵌的专栏文章的插图，做了刊登这文章的那期《科学美国人》的封面。这封面图案其实是康韦画的。他有一次来看我的时候，要了直尺、圆规和量角器，大约一小时，就画好了这幅镶嵌图案。它后来由《科学美国人》的专职画家上了色。

我应该说明一下，彭罗斯用来镶嵌的是两种瓷砖，分别叫作飞镖(dart)和风筝(kite)。它们**只能**以一种不呈周期的方式，或者如今所称的**非周期的**(aperiodic)方式镶嵌平面。令彭罗斯觉得极其意外的是，原来他这些瓷砖的三维形式只会非周期地镶嵌空间！不但如此，而且这样的形态实际上可以在实验室里制造出来。它们后来被称为准晶体(quasicrystals)。到如今已有几百篇关于准晶体的论文发表。它们是一个非凡的例子，说明一个数学发现，人们在作出它时完全没有意识到它在现实中的应用，结果却可能是大自然母亲所一直期待的！

另一篇导致大量邮件如洪水般涌来的专栏文章是我的愚人节恶作剧文章。[它重印在我的《时间旅行和其他数学困惑》(Time Travel and Other Mathematical Bewilderments)中。]其中，我介绍了科学上和数学上我所宣称的惊人突破。它们包括：居然有着一幅必须要用5种颜色着

---

* 有中译本，书名是《研究之美》，高博译，电子工业出版社，2012年。——译者

色的地图，用计算机证明了以王翼车前兵前进两格开局必定白方胜这个象棋定律，发现了一幅莱奥纳尔多·达·芬奇（Leonardo da Vinci）的证明他早已发明抽水马桶的草图，发明了一种拿一只手靠近它就能转动的通灵发动机，等等。我收到了几百封信，展示怎样用4种颜色为我的那幅地图着色。许多读者，包括少数科学家，感谢我让他们领教如此重要的发现，但又指责我对其中某个发现的说法完全错了。一位数学家打电话给我，跟我说应该把我从美国数学会（American Mathematical Society）开除出去，因为我没有在5月号杂志上揭晓这篇专栏文章是一个玩笑。

我关于纽科姆决策悖论*（这里我就不解释它了）的专栏文章引起了如此多的读者给我来信，他们都宣称解决了这个悖论。我把它们统统拿给了罗伯特·诺齐克（Robert Nozick），哈佛大学的一位哲学家，他是首先讨论纽科姆悖论的。我说服他客串写了一篇专栏文章，评说了读者对我这次恶作剧的反应，包括一封艾萨克·阿西莫夫（Isaac Asimov）的有趣来信。诺齐克的结论是这个悖论仍然没有解决。如果你想了解这个神奇的悖论，请看《打结的甜甜圈和其他数学娱乐》（Knotted Doughnuts and Other Mathematical Entertainments）的第13章和第14章。

---

* 纽科姆决策悖论是加利福尼亚大学劳伦斯利弗莫尔实验室的理论物理学家威廉·A.纽科姆（William A. Newcomb, 1927—1999）于1960年设计的。其内容如下。设有两个不透明的盒子A和B，A里放了1 000元，B里放了1 000 000元或0元。你只有两种取法可选择：(1)仅取B里的钱；(2)取A和B里的钱。但有一个几乎能猜透你心思的超人，由他决定在B里放1 000 000元还是0元。他是这样决定的：如果他猜你会选(1)，那他就在B里放1 000 000元；如果他猜你会选(2)，那他就在B里放0元。你该怎样做呢？有些人认为：当我选择的时候，盒子里的钱已就位；管他超人怎么放，我把两个盒子都拿下，总是不错的，这样至少有1 000元。因此应该选(2)。另一些人认为：我选(1)的心思超人很可能猜对，这样B里就有1 000 000元。因此应该选(1)。——译者

我通过我的专栏文章结识的另一位著名数学家是高德纳,他现在已从斯坦福大学退休。他的系列丛书《计算机程序设计艺术》(*The Art of Computer Programming*)已使得他成为世界上最著名的计算机科学家。高德纳喜欢让这些书里包含很多的娱乐性材料,多到他能纳入多少就纳入多少,因此他曾到我在北卡罗来纳州的家来看我。那个时候我的藏书和文档都在我租来专门存放它们的一个公寓里。那房子有厨房和浴室。高德纳在那儿待了一个星期,翻遍了我的文档,留下了一堆要复印并寄给他的文件。他给自己做饭,而星期天他就步行去不远处的一家路德宗教堂。

高德纳是一位虔诚的路德宗信徒,他在一本名叫《计算机科学家很少谈论的事》(*Things a Computer Scientist Rarely Talks About*)的书中讨论了他的信仰。他的另一本关于宗教的书是《3章16节》(*3:16*)。这书名当然是指在《新约全书》所有的节中被引用得最多的那一节,即《约翰福音》的3章16节:"神爱世人,甚至将他的独生子赐给他们……"高德纳有个有趣的想法,即用这一节作为一种样式去对整本《圣经》进行抽样调研!他在《圣经》的每一卷中只是察看3章16节,然后对这章写个评述,围绕这节经文构思编写。他每一章请一位书写高手,以某种优雅的字体书写那一节的经文。结果非常漂亮,它们不仅呈现在这本书中,而且其复制品用镜框装着,作为一种展品在美国巡游!

有人告诉我,高德纳家的地板是一幅他所住地区的地图。如果有一位访客想要知道去一个他想去的地方该怎样走,就把家具移开,察看地图的有关部分。

还有一位著名的数学家成了我的朋友,他就是图论家弗兰克·哈拉里(Frank Harary)。我专门用一篇《科学美国人》专栏文章讨论了他对"连城"游戏的推广。这个游戏的目标是使得三个同样的符号,比方说X或者O,在一个3×3的矩阵上连成一直线。换句话说,抢先形成一个直条状的三联骨牌。哈拉里问,为什么不把这个目标规定为一个任意大小的区域上的任意一种多联骨牌呢?这立即就开辟了一个广阔的、迄今尚未开拓的二人游戏领域。哈拉里喜欢把这类游戏称作"不成功就逃避的游戏(achievement or avoidance games)"。这个领域包含着许多仍具挑战性的未解决问题。

就在我开始我的《科学美国人》专栏之后不久,我成了一个半秘密的单身俱乐部的成员。这俱乐部叫"活门蜘蛛会"(Trap Door Spiders),是纽约城的一群科学幻想小说家始创的。他们想有个机会让他们在摆脱他们妻子的地方定期碰头。这名称基于一种蜘蛛的习惯,它们常在地上挖个洞,然后用一种活门盖住它,关闭入口。创始会员有像阿西莫夫、莱斯特·德尔·雷伊(Lester del Rey)、斯普拉格·德坎普(Sprague de Camp)、林·卡特(Lin Carter)这样的科学幻想小说家,以及各种门类的编辑、科学家,甚至还有一名圣公会的牧师。新会员是经过会员投票通过才加入的,而且是在有一名会员逝世,或者搬迁到离这个城市太远的地方而不能参加碰头会的情况下。我记不起是谁推荐我成为会员的,反正我就加入了,而这是一个很大的荣耀。

蜘蛛会的会员们每月碰头一次,要么是在一位会员的公寓里聚餐,要么就是在城里的一家餐厅里聚餐。他们轮流做东。聚餐过后,一位嘉宾(是由东道主挑选请来的)被置于"热座"(hot seat)上大约一个小时,这期间要回答会员们提出的问题。嘉宾可以是任何人,只要东道主认为他会让会员们觉得很有趣。

我做会员的巨大喜悦之一是终于认识了阿西莫夫,他是很少错过这聚餐的。他的系列谜案小说,关于一个他称之为"黑寡妇蜘蛛会"的俱乐部的,就是以活门蜘蛛会为其创作源泉的。阿西莫夫首先把他的黑寡妇谜案卖给了《埃勒里·奎因的谜案杂志》(Ellery Queen's Mystery Magazine),后来则把它们汇集成一本书。

每个故事都遵循着同样的古怪模式。那聚餐嘉宾总是一位带着某个未破谜案的人。这个谜案可能是一桩谋杀案,或者是任何类型的问题。俱乐部会员用他们的专业知识挑战这个问题,越来越接近于破解它,直到最后,由俱乐部的侍者亨利(Henry)把所有的线索汇总起来,一举破了这个谜案!

有一次轮到我做东时,我邀请了斯特凡·坎费尔(Stefan Kanfer)做我的嘉宾,他那时是《时代》杂志社的图书编辑。不久我就使他成了一名会员。关于斯特夫(Steve)*,我在第十八章中还有话说。

阿西莫夫在他的自传中简略地提到了这个俱乐部。他说到我曾劝他撰写他所喜爱的书的注释版,从拜伦的《唐璜》开始——以我的《注释版艾丽丝漫游奇境记》为模板,我的这本注释书导致了大批由其他作者写的这类书的出版。

我记得有一次去阿西莫夫在第六大道的能俯瞰中央公园的公寓。我注意到他在一个没有窗子的房间里工作。这是有意这样的。他说,如果这房间有窗子,那么他就会被诱惑而离开他的打字机,去窗子那儿向外眺望,而这将严重地干扰他写作的思路。

阿西莫夫既是科学幻想小说家又是科学普及图书作家,他是世界上这类作家中的最优秀者之一。阿西莫夫是一位真诚的无神论者。我曾经问他是否有什么死后再生的愿望。他向我保证他没有。我认为他在说谎。

---

*斯特夫,斯特凡的简称。——译者

第十六章

伪科学

> 凡非的断言需要有
> 非凡的证据。
>
> ——卡尔·萨根(Carl Sagan)*

我作为一名坏科学揭露者的名声始于我在《安蒂奥克评论》(Antioch Review)上的一篇文章,题目叫《隐士科学家》(The Hermit Scientist)。它说的是那些怪人科学家,他们与真正的科学家没有关系,自己独立工作。我中学时的一位朋友约翰·埃利奥特(John Eliot)当时住在纽约城,是一位作者对外事务代理人。他偶然见到了我的文章,想到在塔尔萨的时候他就认识我,于是前来看我。他认为我的这篇东西可以扩展成一本书,劝我试一试。我于是埋头写作,不久就写好了篇幅足够的一部稿子,给约翰拿去找一家出版商。

令我惊奇的是,约翰很快就把这部稿子卖给了普特南出版社(Putnam's),出版社以精装本将它出版,书名是《以科学的名义》(In the

---

* 卡尔·萨根(1934—1996),美国天文学家、科普作家。曾参与美国航空航天局多项行星探测任务的科学设计工作。主要科普著作有《暗淡蓝点——展望人类的太空家园》(Pale Blue Dot: A Vision of the Human Future in Space)、《魔鬼出没的世界》(The Demon-Haunted World)。——译者

Name of Science）。其各章涉及以下内容：戴尼提（Dianetics）［在L.罗恩·哈伯德（L. Ron Hubbard）把它的信众扩展成基督科学派宗教之前］*、赖希的生命力说、飞碟、空心地球论者**、脊椎按摩师、顺势疗法医师***，以及伪科学骗局的其他例子。

这本书的销售很糟糕，不久就削价出售了。令我高兴的是，多佛出版公司把它拿去，以平装本出版，并用了一个新书名——《以科学的名义散布的奇谈怪论》。它迅速成为多佛公司的畅销书之一。

年轻的科林·威尔逊（Colin Wilson）****当时在英国正以他的《局外生存》（The Outsider）而声名鹊起。几年后他来看我。我以为是因为他同意我对我写到的那些个怪人的抨击。不是的，是因为他先前已把我

---

* 戴尼提，又叫排除有害印迹精神治疗法。它的理念是：所有心理失常都由所谓"印迹"引起。这些印迹是人们在无意识状态下记录在所谓"反应的头脑"中的过去（包括在母胎中时）遭受的痛苦及有关知觉。进行这种疗法时，"验察师"提出一系列问题并引导患者回答，帮助患者查找这些印迹，予以排除。L.罗恩·哈伯德（1911—1986），美国科学幻想小说家、编剧、导演。戴尼提的发明者，基督科学派的创始人。——译者

** 美国历史上的空心地球论先后由小约翰·克利夫斯·西姆斯（John Cleves Symmes, Jr., 1780—1829）、赛勒斯·里德·蒂德（Cyrus Reed Teed, 1839—1908）和马歇尔·布卢彻·加德纳（Marshall Blutcher Gardner, 1854—1937）提出。各人说法不同，但无非说地球内部是空心的（或是多层的同心球壳）。一说两极有宽广的开口，海水可流入，阳光也可进入；一说人类就生活在地球内部，那儿有日月星辰。——译者

*** 顺势疗法由德国医生克里斯蒂安·弗里德里希·萨穆埃尔·哈内曼（Christian Friedrich Samuel Hahnemann, 1755—1843）发明。其方法是：给一名健康者服用某种药物，并不断增加剂量，直至此健康者出现某些症状，那么这种药物（经稀释后）对有这些症状的疾病有奇效。——译者

**** 科林·威尔逊（1931—2013），英国作家、哲学家。著有学术著作和畅销小说100多部，涉及心理学、哲学、犯罪学、神秘主义、超自然现象等多个方面。称自己的哲学为"新存在主义"。——译者

引介给了如此多令人着迷的边缘科学家。他滔滔不绝地说着他的看法，而我默默地听着。当他说到某处时我说："科林，你的问题在于你不是上帝。"我预计他会觉得受到侮辱，但是他点了点头，说我作了一个洞察力很强的评论。大约一星期后，我收到了他的一封信，对我和夏洛特的热情款待表示感谢，并补充说我们的讨论是他多年来进行的讨论中最具有刺激性的。我怀疑他是否考虑过我说的任何一件事。威尔逊继续写他那些令人难忘的小说，以及许多赞扬伪科学和神秘学的书，包括一本关于赖希的圣徒传记和一本称颂盖勒的超心理能力的书。

对多佛版《奇谈怪论》的销售作出最大贡献的人是朗·约翰·内韦尔（Long John Nebel），他是一名广播电台通宵脱口秀节目的主持人。内韦尔的专长是采访怪人。有好几个月，他每天晚上都让一些人上节目为某种胡说八道的伪科学辩护——有声称曾经被UFO上的外星人拐去的人，也有哈伯德和赖希的追随者，以及做眼操的人和通灵师的笃信者，等等。每天晚上我的这本书都遭到恶毒的攻击。结果是，我的书销售飙升！

《奇谈怪论》使得我成为海沃德·西克尔（Hayward Cirker）的朋友，他是多佛出版公司的创始人和老板。我后来为多佛公司的许多图书写了引言，特别是切斯特顿、卡罗尔、鲍姆的幻想作品。我在芝加哥时的一位哥们，埃弗里特·布莱勒（Everett Bleiler），写过许多本关于科学幻想小说的书，他正在寻求一份工作。我把他推荐给了西克尔，西克尔聘他做一名编辑，他在这个职位上待了好多年。

我还把一位魔术师朋友富尔维斯，介绍给了西克尔，结果产生了一连串由富尔维斯编写的关于变戏法的多佛版图书。富尔维斯还自己出版关于魔术的书，包括我的两本小册子，它们把那个从以色列魔术师转变而来的通灵师盖勒的伎俩暴露在光天化日之下。我将关于盖勒的书伪装成一本日记，写日记的人叫富勒，是一个骗人的通灵师。令我意外的是,我从来没被盖勒告上法庭。或许他意识到在法庭上他将不得不展示他弯曲调羹的能力,表演其他伟大的通灵术特技,而法庭上会有魔术师在场,揭露他的手法。盖勒一定知道是我写了署名富勒的书,因为他有一次称我是一只"臭虫"。

有一天晚上近午夜的时候,我半睡半醒地起来给吉米换尿布。我打开收音机想听听内韦尔的节目。我听到的第一句话是"加德纳先生是一名说谎者"。说这话的是约翰·坎贝尔(John Campbell)——《令人惊讶的科学幻想小说》(Astounding Science Fiction)杂志的编辑。他是指我在什么地方写到戴尼提没能治好他的鼻窦炎。

戴尼提是一名古怪的科学幻想小说家哈伯德的脑力劳动产物。据称这是一种新的超级疗法,它可以被描述为弗洛伊德精神分析治疗法的一个不经意的夸张性模仿。弗洛伊德将精神疾病追溯到童年的经历,哈伯德则追溯得更早。他坚持说,精神疾病主要由在子宫中的经历引起!一个胚胎在发育出耳朵之前,在它的细胞中记录下了母亲所说的和所听到的每一件事!这些记录下来的内容称为"印迹"。这种疗法的目标是,通过一种叫作"验察"的问答技术,将印迹抹除。

戴尼提首先是由坎贝尔的《令人惊讶的科学幻想小说》上的一篇文章强加给世界的,这篇文章赞扬了哈伯德1950年的《戴尼提》(Dianetics)一书。几年之后,哈伯德给这种疗法添加了一个荒诞的、白痴式的神话,其中包括神灵和我们的"塞滕"(thetans,不死的灵魂)*的再生。你可以在《奇谈怪论》中关于戴尼提的那一章,以及我的《新时代》一书中较后面的关于哈伯德的那一章,读到所有这些胡说八道。

---

* 塞滕,哈伯德发明的基督科学派宗教中的概念。取自希腊字母 Θ。代表"生命之源或生命本身"。基督科学派宗教认为,是"塞滕",而不是中枢神经系统,控制着人的身体。——译者

这个邪教很快就让许多头脑简单的好莱坞明星倾心不已,他们给这个邪教大笔捐赠。它至今仍兴旺发达,尽管面临着来自好莱坞最新时尚的激烈竞争——那就是被称为"卡巴拉"(Kabbalah)*的古犹太神秘主义传统学说,该学说近来由伟大的哲学学者麦当娜(Madonna)**大力弘扬。

我关于戴尼提的那一章评述,使得我有一段时期被置于哈伯德的"压抑的人"(Suppressive Persons)***名单上。由于我对戴尼提的批评,我收到一封信,说我已是"可被追捕的猎物"了。这意味着基督科学派的任何一名信徒,可以做他或她喜欢的任何事来不断侵扰我这个"敌人"。在一本早期抨击这个邪教的书,即《基督科学派的丑闻》(The Scandal of Scientology, Tower Publications, 1971)中,作者保莉特·库珀(Paulette Cooper)说到,她被超过10年的包括炸弹威胁在内的侵害几乎弄死。我把那封说我是"可被追捕的猎物"的信转给了美国联邦调查局。幸运的是,在我身上没有发生什么不好的事情。

《奇谈怪论》出版后,其他人写的揭露当前伪科学的一大批书相继问世。我则通过写文章和图书评论继续做这件事。哲学家保罗·库尔茨(Paul Kurtz)在心理学家海曼、社会学家马尔切洛·特鲁齐(Marcello Truzzi)、魔术师兰迪和我的支持下,创建了一个组织,叫作"关于所谓超常事件的科学调查委员会"(Committee for Scientific Investigation of

---

* 卡巴拉,又称"希伯来神秘哲学",起始于基督教诞生之前,是在犹太教内部发展起来的一整套神秘主义学说。其内容神秘而又晦涩,似乎主要是解释永恒而神秘的造物主与短暂而有限的宇宙之间的关系。——译者

** 麦当娜(1958—),美国女歌手、演员。这里说她是哲学学者,显然是一种调侃。——译者

*** 压抑的人,基督科学派宗教的术语,指反对基督科学派的人或组织,或者被基督科学派宗教组织高层人物宣布为"压抑"的人。——译者

Claims of the Paranormal，简称 CSICOP）。它后来把这个名称简缩为 CSI。由特鲁齐编辑它的第一本官方期刊，《探究》(Zetetic)。

这本杂志出版了少数几期后，情况就变得明显了：特鲁齐和CSICOP 的其他创始成员不在同一个频道上。特鲁齐不是很在乎揭露批驳。他要把这本杂志办成一本学术性期刊，亦即不是坚持既定的立场，而是试图提供各种让你选择的观点。例如，如果我们发表了一篇文章抨击韦利科夫斯基(Velikovsky)*那疯狂的宇宙观，我们就应该给出版面让韦利科夫斯基或者他的一名追随者来作答。然而，我们认为韦利科夫斯基正是一个典型的怪人，仅仅比地平说支持者好一点点，他不应该像值得尊重的科学家那样得到相应的待遇。简言之，我们相信必须坚决地反对荒唐的伪科学。特鲁齐则不认为。

特鲁齐认识到我们的分歧，就退出了 CSICOP。他把他杂志的名称仍然保留为《探究》，而我们则创办了一本新的期刊，叫作《怀疑论调查者》，由高手肯德里克·弗雷泽(Kendrick Frazier)负责，他原来是《科学新闻》(Science News)的一名编辑。这本新杂志很快就发展成为一本漂亮的双月刊，它报道关于伪科学的最新消息。特鲁齐成立了他自己的组织，与我们竞争，并有一个顾问委员会，其中有好几位著名的怪人。顺便说一下，特鲁齐是一位世界著名的杂耍演员**的儿子，这位演员为巴

---

* 韦利科夫斯基(1895—1979)，出生于俄国的美国作家。在他的《碰撞中的世界》(Worlds in Collision)等畅销作品中，论证地球曾与其他行星（主要是金星和火星）近距离接触而遭受灾难，特别是认为金星是由木星甩出的物质掠过地球而在如今轨道上形成的。——译者

** 即马西米利亚诺·特鲁齐(Massimiliano Truzzi, 1903—1974)。出生于波兰一个著名的马戏世家。1940年到美国。少数几个进入国际马戏名人堂(Internation Circus Hall of Fame)的杂耍演员之一。——译者

纳姆和贝利马戏团工作多年。"我不是这世界上最好的杂耍演员,"他曾经说,"但我是最令人愉快的演员。"

萨根写过两本抨击伪科学的极精彩的书,但他被他的天文学界同行严厉批评,责怪他把时间浪费在这些怪人身上。我们 CSICOP 的成员与萨根意见一致。我们确信揭露坏科学是科学家的一项**责任**。一个民主政体当公民们是明智的投票人时运作最为有效。应受尊重的科学在布什的当政下遭受到沉重的打击,特别是他反对干细胞的研究,以及他鼓励在公立中小学中讲授神创论,把它作为与进化论并存的一种可行的理论!一个无法区分好科学和伪科学的选民,只会产生伤害。这一点在诸如顺势疗法的另类医疗方面尤为正确。顺势疗法在"对抗疗法医师"*(这是顺势疗法医师们对值得尊重的医生们所喜欢用的称呼)中根本得不到支持。

现在回头说一说坎贝尔。坎贝尔可能是一位科学幻想小说的好编辑,但是他对科学却是极端的无知。例如,在好几期《令人惊讶的科学幻想小说》中,他塞进了由一个叫希罗尼穆斯(Hieronymus)的人发明的通灵机器。阿西莫夫在他的自传中把这东西称作一种"超越了白痴"的装置。坎贝尔的政治观点还要更糟糕。阿西莫夫把它们描述为"比匈奴王阿提拉(Attila)还要右"**。

---

* 对抗疗法,即常说的西医,因为它用药物或手术的方法针对症状和病因进行对抗性的治疗。这一名称似古已有之,不过其意思与上述不同。而以上述说法为内涵的这一名称,则是顺势疗法的医师们起的。注意"顺势"与"对抗"是对立的。——译者

** 阿提拉(约406—453),匈奴帝国皇帝。在位期间是匈奴帝国最盛时期。多次率兵攻打欧洲主要强国,作战凶猛,行为野蛮,被称为"上帝之鞭"。据说其社会政治理念与现代西方的右翼保守派思想相似,故这里用"比匈奴王阿提拉还要右"喻指极端右翼。——译者

在多佛公司发行《奇谈怪论》的平装本时，《村声》(Village Voice)*给新订户赠送了这本书。格林尼治村的不少村民愤怒了，他们的抗议信如洪水般涌向《村声》编辑部。他们中有些人裸坐在赖希的生命力箱里，以增加他们的生命能。许多纽约人取消了他们对《村声》的订阅，以抗议我写的关于赖希的那一章。在《村声》发表了一封我写的信之后，抗议信终于消停了。信中我披露，在这本书出版之前，我就把关于赖希的那一章寄给赖希本人看了。他回信予以高度的赞扬，只是做了一个日期上的小更正。如果你仔细地阅读我关于赖希的那一章，你会明白我没有一处地方是在批评他。我离批评他最近的是说他不是一个怪人就是当今最伟大的物理学家。赖希对这个说法一点儿异议都没有！

赖希因把他的生命力箱运过州界，并附有说明书宣称它们可以治愈癌症而被拘捕。在一次庭审中，他做了他自己的律师，表现愚蠢。他被认定有罪，结果病死狱中，成了他追随者眼中的一名殉道者。许多人仍在推崇他的书，甚至那种长长的管子，他宣称这种管子可以把生命能注入暴风云以产生降雨！

每年都有无数的人死于信任基督科学派或其他某种形式的胡扯疗法，如顺势疗法。顺势疗法的用药是这样一种药物：顺势疗法的医师们认为，如果把它在液体、软膏或粉末里稀释或者说掺兑到只有少数几个分子或根本没有的程度，那么它就会有巨大的疗效。顺势疗法的一条主要的格言就是：一种药物越被稀释，它的疗效就越强大！有一个关于一名顺势疗法医师的笑话：他有一天忘了服药，结果死于服用药物过量。

詹姆斯·(神奇的)·兰迪**在他关于顺势疗法的演讲中，常让大家

---

* 《村声》，在格林尼治村出版的周刊，意思是该村的声音。1955年创刊，1996年起在纽约城免费发行。注重文化艺术方面的报道与评论，持左翼立场，在美国知识分子中有较大影响力。2018年因资金问题停刊。——译者

** 原文为James(The Amazing)Randi。英语中常把绰号或誉称作为中间名。——译者

看一瓶顺势疗法的用药,其中的致命毒药被稀释到只有少数几个分子或根本没有分子。然后他把整瓶东西喝下去。兰迪当前正在佛罗里达州运作着一个基金会,以及一个生动活泼的关于伪科学的网站。那儿有一个实验室,配有一面单向镜子,用以测试自称的通灵师以及其他江湖骗子。兰迪在设计方法使骗子和自欺欺人的超心理学家暴露真面目上富有技巧,世界上没有人能在这方面比得过他。

几年前,兰迪被请去调查威斯康星大学(这所大学真丢脸!)的一个团体,那里的研究者们正在对患自闭症的儿童进行"辅助沟通训练"(facilitated communication)。其中要拿着一名自闭症儿童的手腕*或手臂,同时这名儿童在键盘上打出条理清晰的信息。对兰迪来说,事情马上就变得很明显:这名辅助者在下意识地引导着这儿童的手。[心理学家称之为"通灵板效应"(Ouija Board Effect)。]兰迪设置了几个聪明的测试方法,把所有这一切都显示得非常清楚。结果呢?兰迪被逐出现场。一名儿童一边环顾房间——他根本没看键盘——一边打出:"我不喜欢这个大胡子男人,把他送走。"

我非常遗憾地说,辅助沟通训练仍然在好几所大学里显得十分红火,它在那儿正从轻信的父母身上捞取钱财。这些父母陶醉于这样的错觉:一个亲爱的孩子,有着非常正常的心智,正努力与他们沟通。

兰迪没有接受过学术方面的培训,但是他对科学的了解比我所遇到的一些科学家还要深刻。他已成为一件国宝。他正在一个国家里打一场可能要持续很长一段时间的战役;而在这个国家里,民意调查显示,大约有一半公民相信占星术,相信天使和魔鬼撒旦,相信整个宇宙是由上帝在整整6天里创造出来的,正像《创世记》里所说的那样!

---

*原文为 waist(腰部)。根据有关资料,疑为 wrist(手腕)之误。——译者

在魔术师所使用的技术与像盖勒这样骗人的通灵师所用的方法上，有着一个很大的重叠部分。没有在欺骗性的魔术技巧上受过训练的科学家们，是世界上最容易被愚弄的人。这就是为什么兰迪，一位魔术师，比任何科学家，甚至将超心理学家包括在内，在识别和揭穿欺诈的能力上要高得多。他知道——而几乎没有科学家知道——如何设置机关将通灵术骗子抓个现行的所有最佳方法。如果你想知道盖勒是怎么把调羹弄弯的，不要去问物理学家（哪怕他得过诺贝尔奖），问我，或者兰迪。

令人惊讶的是，竟然有这么多有名的伪科学都建立在荒谬的相关性上，而这些相关性完全不为科学所认可。以颅相学为例。它把人的性格与头部隆起的尺寸关联起来。它曾经被人们如此广泛地相信，以致在全世界产生了一大堆学术著作和杂志等文献资料。惠特曼在他《草叶集》的前页上公布了他头部颅相学数据的图示。在英国，艾略特把她的头发剃了，她以为这样可以让她更好地阅读。持怀疑态度的人们则说，任何相信颅相学的人，都应该去把自己的头颅检查一下。

现在看看古代的占星术。它认定一个人的性格与他或她生日那天的太阳、月亮和行星的位置之间有一种相关性。还有什么信仰能比这更愚蠢的吗？然而它如今遍地开花，几乎每一家报纸都有一个占星术专栏，除了《纽约时报》。一对前总统和前第一夫人是真正的笃信者！

手相术认定一个人一生中的事件与他或她手掌上的纹路之间有一种相关性。脊椎按摩疗法则建立在脊椎骨的各种组合的状态与人类大多数疾病之间的一种关系上。相面术认定人的性格特征与鼻子、耳朵、下巴、嘴巴、眉毛等的形状有一种关系。几百名儿童如今可能死去，因为轻信的母亲们相信接种疫苗会导致自闭症。

我想起了《泵歌》(The Pump Song)，一支小曲，1926年时十分流行，当时被一个叫作"开合跳"(Jumping Jacks)的团体录作唱片；许多年后，又被路易斯·普里马(Louis Prima)*和他的乐队重新推出。对于这首歌的曲子，作曲家理查德·怀廷(Richard Whiting)、巴迪·菲尔茨(Buddy Fields)和萨米·莱纳(Sammy Lerner)都有贡献**。(我不知道是谁写的歌词。)歌词中只有前四行令人难忘：

> 以水泵上手柄的长度，
>
> 很难探测一口水井的深处。
>
> 看驼峰上毛发的弯曲度，
>
> 很难估计一头骆驼的岁数。

---

* 路易斯·普里马(1910—1978)，美国歌手、演员、歌曲作者、乐队指挥、小号手。从新奥尔良风格的七人爵士乐队起家，在爵士摇摆乐、爵士大乐队、跳跃蓝调、传统流行乐等方面紧随时代潮流。在表演中充分展示个性，颇得观众喜爱。——译者

** 理查德·怀廷(1891—1938)，美国流行歌曲作曲家。1970年入歌曲创作人名人堂(Songwrighter Hall of Fame)。巴迪·菲尔茨(1889—1965)，出生于维也纳(时属奥匈帝国)的美国歌曲作曲家。被认为是20世纪初期重要的歌曲作曲家。萨米·莱纳(1903—1989)，出生于罗马尼亚的美国和英国音乐剧与电影歌曲作曲家。——译者

第十七章

朋友们：数学家和魔术师

罗恩·格雷厄姆(Ron Graham)*是我通过我的《科学美国人》专栏而相交相知的许多著名数学家之一。我们在一篇关于最小施泰纳树的专栏文章上进行了合作，这给了我一个埃尔德什数2。如果一位数学家与伟大的数论家保罗·埃尔德什(Paul Erdös)在一篇论文上共同署名，那么他就得到一个埃尔德什数1。如果他与某个有着埃尔德什数1的人共同署名，他就得到一个埃尔德什数2，依此类推。埃尔德什图则显示了这种数的拥有者们是如何连接起来的。我还从知名的图论家哈拉里那里得到一个2，我们合作了一篇论文，是论述一种用有向图来解决逻辑问题的方法的。

格雷厄姆现在退休了，但当他还在贝尔实验室的时候，他保留着一间房间，里面存放着几百篇埃尔德什写的或与他人合作的所有论文的副本。这些论文早先是由埃尔德什的母亲保存的。她去世后，格雷厄姆就接了过来，他因此在整个贝尔实验室被人们称为埃尔德什的"母亲"。

我与埃尔德什只见过一次面。那是在新泽西州的贝尔实验室的一次午餐会上，是格雷厄姆邀请我去参加的。那时格雷厄姆是实验室组

---

* 即罗纳德·格雷厄姆(Ronald Graham, 1935—2020)。罗恩(Ron)是简称。中文名葛立恒。下文提到他的妻子，出生于中国台湾的美国数学家金芳蓉(Fan Rong K. Chung Graham, 1949—)，发表论文时署名 Fan Chung。——译者

合数学部的主任。埃尔德什对我说的第一件事是一个问题："你什么时候到的？"我于是准备核查我手表上的时间，这时格雷厄姆用胳膊肘轻轻地推了推我，说："他的意思是，你什么时候出生的？"埃尔德什喜欢用一种完全属于他自己的词汇说话。数学家们称之为埃尔德什语（Erdish）。

在这次午餐会上还有一个10到12岁的神童，来自布鲁克林。埃尔德什先是问这少年是否会说法语。令我惊奇的是他点了点头。于是他和埃尔德什用法语讨论起了一个关于点集论的问题，我是一点儿也不懂，但是这孩子懂。我一直想知道他后来怎么样了。

顺便说一下，格雷厄姆是一位顶级的杂耍演员和体操运动员。在他获得博士学位之前，他同一位朋友作为蹦床演员跟一个马戏团四处巡演。一天午后，当我去同格雷厄姆碰头要在贝尔实验室共进午餐的时候，他在一幢大楼外面，以手代脚地倒立着走下一长段台阶来迎接我。他还会骑单轮自行车，能做单手倒立。如果你看见在一篇科技论文上有Fan Chung 与他的姓名并列，那是他的妻子金芳蓉。

虽然我写《科学美国人》专栏文章是在家里工作，但每月一次的杂志社全体职员午餐会我是参加的。午餐会在哈佛俱乐部举行，杂志的出版人皮尔是这家俱乐部的会员。会上总会有一位贵宾。海因是一位这样的贵宾。康韦也是一位。（这家俱乐部不反对他穿凉鞋来。）丹尼斯·夏马（Dennis Sciama），著名的英国天体物理学家，是又一位贵宾。他曾经是宇宙恒稳态理论的一名坚定的拥护者，这一理论由弗雷德·霍伊尔（Fred Hoyle）等人创立。夏马在午餐会上透露，他已经改变了主意，接受对立的大爆炸理论了。"大爆炸"是霍伊尔嘲笑这个理论而用的术语。"我一直在恒稳态理论的证据上竭尽狡辩之能事，"夏马告诉我，"直到我用尽狡辩之言辞。"

我现在想不起我与迪亚科尼斯的相遇是由于在数学上的共同兴趣

还是在魔术上的共同兴趣了。可能是魔术。迪亚科尼斯是斯坦福大学数学与统计学系的一位教授,也是一位顶级的纸牌魔术师。他是最早掌握所谓"扎罗洗牌"的人之一。这种洗牌法由赫布·扎罗(Herb Zarrow)*发明,它看上去完全像是普通的鸽尾式洗牌,但是洗好牌后整副牌就如同没有洗过一样。这是一种绝对难以玩得好的洗牌,我一直未能掌握。

　　迪亚科尼斯怎样进哈佛大学的故事,值得我再讲一遍。当我第一次遇到迪亚科尼斯的时候,他是位于曼哈顿的市立学院**一名主修数学的本科生。他是一位既有知识又有技巧的纸牌魔术师。夏天的时候,他在船上玩扑克牌弄钱。当他告诉我他的愿望是想得到一个哈佛大学的博士学位时,我想起了哈佛大学统计学系主任弗雷德·莫斯特勒(Fred Mosteller)是一位狂热的魔术迷。确实,他的照片不久前刊登在《四连环》(*Linking Ring*)的封面上,这是一本专门关于戏法的杂志。

　　我写信给莫斯特勒,把迪亚科尼斯想进哈佛的愿望跟他讲了。我问他是否能让我这位年轻的朋友进哈佛,并补充说,他玩起发第二张***和发底张****来,是我认识的魔术师中手法最干净利落的。这信起作用了。莫斯特勒回信问,迪亚科尼斯是否愿意在统计学上攻读一个较高的学位。"当然。"迪亚科尼斯说。

---

　　* 赫布·扎罗(1925—2008),美国魔术师。在职业魔术上以发明独具一格的手法和纸牌魔术而颇有影响。特别是他的扎罗洗牌,于1940年前后发明,初称"全副假洗牌"(Full Deck False Shuffle),现简称"假洗牌"。他的技巧在职业魔术师圈子里受到最高的敬重。——译者

　　** 全称是纽约市立大学市立学院。——译者

　　*** 发第二张,一种欺骗性发牌技巧,让人觉得发出的是最上面的第一张牌,而事实上发出的是第二张。——译者

　　**** 发底张,一种欺骗性发牌技巧,让人觉得发出的是最上面的第一张牌,而事实上发出的是最底下的那张牌。——译者

他动身去哈佛，接受了面试，我猜测其中的大多数时间都花在一副纸牌上，而且紧紧围绕着发牌这个主题。不久迪亚科尼斯就在哈佛了，在那儿他获得了博士学位。迪亚科尼斯是一大批科技论文的作者，而且与格雷厄姆合作写了一本书，书名是《魔法数学：大魔术的数学灵魂》(*Magical Mathematics: The Mathematical Ideas That Animate Great Magic Tricks*)。他最出名的事情是，证明了进行7次鸽尾式洗牌是将一副牌予以随机排序的充分必要条件。像我们俩的朋友兰迪一样，迪亚科尼斯一直是超心理学家的一个敌人。这些超心理学家欺骗自己，以为有着可靠的统计证据可证明ESP、PK*和预知能力（precognition）的实际存在。

就在最近，迪亚科尼斯上了新闻，因为他证明了如果某人将一枚硬币抛掷许多次，那么这枚硬币落下来朝上的一面会与刚开始抛掷时朝上的那一面相同的概率稍稍大于1/2。理由是偶尔会有一枚硬币被抛掷后**看上去**像是在翻滚，而事实上它只是在摇晃。迪亚科尼斯是能够抛出只是在摇晃的硬币的极少数魔术师之一。

你可以在一本名叫《当代大数学家画传》(*Mathematicians*)的美丽的大部头著作中发现迪亚科尼斯的肖像和关于他工作的一个简单描述。这本书由玛丽安娜·库克(Mariana Cook)编写，其中用的是她的摄影作品，由普林斯顿大学出版社2009年出版。"数学家是非同寻常的，"库克女士在她序言的一开头说，"他们不像其他任何人。他们看上去是我们中的另类，但他们又不是一个样的。"在我的《最后的消遣》(*Last Recreations*)一书中，给迪亚科尼斯的献词如下：

献给佩尔西·迪亚科尼斯，

---

* PK，即意念致动(Psychokinesis)，指通过意念对物质系统的运动进行干预的能力。——译者

因为他对数学和魔术的贡献,

因为他对通灵术这种胡说八道的坚决反对,

而且因为一种可以回溯到我们曼哈顿岁月的友谊。

我带着极大的不情愿,断定自己已经到了这样一个境地:对我来说,既要不间断地撰写《科学美国人》的专栏文章,同时又要完成我想写的书,是不可能的。况且,我开始上年纪了,觉得是时候让比我年轻的人接手这个专栏了。此后,刚以他的《哥德尔、艾舍尔、巴赫》而闻名遐迩的霍夫施塔特,执笔主持了一个专栏,叫"元魔性的主题"(Metamagical Themas)*,持续了近三年。然后,《科学美国人》的布赖恩·海斯(Brian Hayes)开辟了一个名叫"计算机娱乐"(Computer Recreations)的专栏,由加拿大计算机科学家A. K. 杜德尼(A. K. Dewdney)接手。最后,伊恩·斯图尔特(Ian Stewart),一位英国数学家,贡献了一个专栏,叫"数学娱乐"(Mathematical Recreations)。

我在《科学美国人》的工作人员中结交的朋友——例如编辑丹尼斯·弗拉纳根(Dennis Flanagan)——大多已去世了。约瑟夫·维什诺夫斯基(Joseph Wisnovsky)是个例外。2009年,乔**作为希尔和王出版公司(Hill and Wang)的一名编辑,买下了我的《当你是一只蝌蚪而我是一条鱼时》(*When You Were a Tadpole and I Was a Fish*)一书的手稿。这个书名是一首名叫《进化》(Evolution)的流行诗的第一行,而这首诗是由

---

* 注意Metamagical Themas是原栏目名称Mathematical Games(数学游戏)的同字母异序词。从字面上看,metamagical是指"比magical(魔术的)更进一层的"。但霍夫施塔特说,魔术背后的东西总是非魔术的。因此把它译成"超魔术的"或"超魔幻的"显然不妥。霍氏又说,他的专栏文章将揭示:魔幻性往往隐藏在几乎无人想到的地方。据此,经斟酌,并模仿metamathematics的中译名"元数学",权将此词译作"元魔性的"。——译者

** 乔(Joe),约瑟夫的昵称。——译者

纽约城的一位名叫兰登·史密斯(Langdon Smith)*的新闻记者写的。他是评论家伯顿·史蒂文森(Burton Stevenson)**所称的"一首诗诗人"***的一个极端示例。

还有其他的一首诗诗人,但是除了史密斯,他们每一个人都还写了大量的(有的是几百首)诗歌,而如今无一被人记起。我现在想到的是这样一些诗歌:《凯西在击球》、《圣诞前夜》、《路边的房子》(The House by the Side of the Road)、《在那西部开始的地方》(Out Where the West Begins)、《失去的和弦》(The Lost Chord)、《老橡木桶》(The Old Oaken Bucket),等等****。但无人看到史密斯发表过**任何**一首其他的诗歌,这样的一首诗诗人是我遇到过的唯一一个!

《美国杰出人物录》(*Who's Who in America*)中关于史密斯的条目,可能是他本人写的。其中确实提到,除了《进化》,他还写了一首名叫《自杀会所的贝西·麦考尔》(Bessie McCall of Suicide Hall)的诗。多年

---

* 兰登·史密斯(Langdon Smith,1858—1908),美国新闻记者、诗人。做过战地记者和体育记者。除了诗《进化》外,据说也写过小说,但本书作者表示怀疑。——译者

** 伯顿·史蒂文森(1872—1962),美国作家、文集编纂家、图书馆学家。创作小说、编纂文集多部,有些至今仍在重印,如《世界名言博引词典》(*The Home Book of Quotations*)。对美国的图书馆建设有较大贡献。——译者

*** "一首诗诗人"(one-poem poet),仅凭一首诗出名的诗人,而非只发表过一首诗的诗人。——译者

**** 《路边的房子》,由出生于加拿大的美国诗人、图书馆馆员萨姆·沃尔特·福斯(Sam Walter Foss,1858—1911)创作。《在那西部开始的地方》,由美国牛仔诗人、报纸专栏作家阿瑟·查普曼(Arthur Chapman,1873—1935)创作。《失去的和弦》,由英国诗人、慈善家阿德莱德·安妮·普鲁克特(Adelaide Anne Procter,1825—1864)创作。《老橡木桶》,由美国作家、文学新闻记者、编剧、歌词作者、诗人塞缪尔·伍德沃思(Samuel Woodworth,1784—1842)创作。——译者

来,我一直在拼命寻找这首诗,结果一无所获。我关于史密斯的那一章*是我很久以前为《安蒂奥克评论》写的一篇随笔的更新版。与史密斯根本没有其他已知发表的诗歌这件事几乎同样值得注意的,是这样一件事:我的随笔是唯一已知的关于他的文章!他应该得到比这更多的重视。找到他那首关于可怜的贝西的诗,将是一个文学上的事件,至少有一个人——也就是我——会认为这是一个伟大的成就。

令我大为惊讶的是,我的专栏最著名的粉丝是萨尔瓦多·达利(Salvador Dalí)**。有两次,他当时在纽约城,邀请我去共进午餐。我第一次去的时候,他随身带着一本我的《两面性的宇宙》(Ambidextrous Universe)。出席这次午宴的还有一位奇怪的但很有魅力的年轻女子,她称自己为"紫外线"(Ultra Violet)***。当时她正在忙着组建一支摇滚乐队,她需要给这个团队起一个名字。我建议叫"红外线们",但是她认为这太平淡无奇了。她一直相当受人关注,因为她疯狂地坚持说她来自金星。说到后来我才明白她正在找人给她写传记。达利认为我可能有兴趣!

我问她是否有一位出版商要出版她的生平故事。她说没有。我一点儿也没有要给她写传记的欲望。然而,这次午餐还是愉快地结束了。我时常想知道这位"紫外线"最后怎样了。她为一家色情小报拍了裸照后便很快销声匿迹了。

达利第二次请我去共进午餐的时候,带上了他那美丽的妻子,加拉(Ga-

---

* 在作者的《当你是一只蝌蚪而我是一条鱼时》一书中。——译者

** 萨尔瓦多·达利(1904—1989),西班牙画家。超现实主义代表人物之一。画风怪诞,具戏谑性。同时从事电影和文学创作。与西班牙的巴勃罗·毕加索(Pablo Picasso,1881—1973)和法国的亨利·马蒂斯(Henri Matisse,1869—1954)被认为是20世纪最有代表性的三位画家。——译者

*** 这位女士即伊莎贝尔·科兰·迪弗雷纳(Isabelle Collin Dufresne,1935—2014),出生于法国的美国电影演员、艺术家。其艺术风格可用刺激的紫色比拟。——译者

la)。她出现在达利的许多画中,尤其是在《受难》(Corpus Hypercubus)中。在画中她正抬头看着挂在十字架上的耶稣,那十字架是一个展开成八个单位立方体的超立方体。

达利对数学有着浓厚的兴趣。他的《最后的晚餐》(Last Supper)中到处是呈黄金分割的比例。他画的有些风景画,转过90°,就变成了一张张脸。他创作的变形艺术作品(anamorphic art),从圆柱面或圆锥面的镜子中看,马上活灵活现。他把画做成一式两份,用镜子把这两幅画融合起来,你看镜中,这画变成立体的了。

我和达利第一次午餐后,我们沿着第五大道漫步,去一家他想去的万宝路书店。当然,每过几分钟,就有路人从达利那著名的八字须认出了他,要求他停下给签个名。他会在一张同笔一起递过来的纸上匆匆地乱涂几下。

我们第二次午餐后,我送达利一个小瓷器,那造型是一端一只鸭,另一端一只兔。我们这次相会后不久,《纽约时报》刊出一幅整版广告,那是达利为一家航空公司设计的一只塑料烟灰缸,用来送乘客的。这烟灰缸周边有三只天鹅造型,当你倒烟灰的时候,天鹅就变成了大象的头。我喜欢这样想:是我的鸭兔小瓷器给了他设计这烟灰缸的灵感。

我们第二次午餐后,我有幸吻了加拉。我现在想不起这事是怎么发生的。我的吻是轻啄一下她一边的脸颊。我不了解法国人的习俗,加拉不得不说明接下来我必须吻她的**另一边**脸颊。后来我犯了个错误,竟然问她"紫外线"情况怎样。加拉马上翻脸,两眼冒火,说:"你得去问达利!"

在曼哈顿的日子里,我有一位好朋友,就是莱格曼,他当时以编纂了一本关于下流打油诗的巨著*而声名卓著。这本书最初在法国出版,

---

* 此书即《打油诗》(The Limerick),含1700首五言打油诗,1953年在巴黎初版,1970年在美国重版发行。1977年其第二卷《新的打油诗》(The New Limerick)出版,1980年以《更多的打油诗》(More Limericks)为书名重印。——译者

但是在那儿从未受到版权保护。我确信这本书在美国会很受欢迎,于是就请纳特·瓦特尔斯(Nat Wartels)注意它。瓦特尔斯当时是皇冠出版社(Crown)的头头,也是我的出版人之一。他立即兴趣盎然,与当时同妻子住在法国瓦尔博纳的莱格曼进行了接触,买下了这本书的版权。莱格曼接着写出了他的两卷本《下流笑话的基本原理》(Rationale of the Dirty Joke)。

我与莱格曼首次相遇是由于我们对日本折纸艺术(origami)的一种共同兴趣。莱格曼对折纸很着迷。他在巴黎举办了可能是世界上第一次的日本折纸艺术作品展览。

莱格曼把我介绍给了莉莲·奥本海默(Lillian Oppenheimer),她在日本折纸艺术的宣传推广上,无论是在我们美国这儿还是在日本,都做得比任何人要多。日本人早先已几乎忘了这门艺术。它只是在艺妓姑娘们的手中存活了下来。奥本海默去了日本,在那里她找到了这个国家顶尖的日本折纸艺术专家*。当时他生活极端贫困。作为一名富翁的遗孀**,奥本海默给他作了安排,让他有了一份稳定的收入。奥本海默出现在日本的电视上,为折纸作宣传推广。我应该补充一下,她的前一次婚姻使她有了三个儿子,他们都成了一流的数学家:马丁·克鲁斯卡尔(Martin Kruskal),在普林斯顿大学;约瑟夫·克鲁斯卡尔(Joseph Kruskal),在贝尔实验室;威廉·克鲁斯卡尔(William Kruskal),在芝加哥大学。

奥本海默组织了在美国可能是第一次的日本折纸艺术造型展览。那是在纽约城的库珀联合学院举办的。在开幕那天,我极其高兴地同

---

* 应该是日本折纸艺术大师吉泽章(1911—2005),其姓名的拉丁字母拼法是Akira Yoshizawa。——译者

** 莉莲·奥本海默的第一任丈夫是约瑟夫·伯纳德·克鲁斯卡尔(Joseph Bernard Kruskal,1885—约1949),皮货商之子,1949年(一说1950年)因病逝世。——译者

伟大的西班牙哲学家、诗人、小说家米格尔·德·乌纳穆诺(Miguel de Unamuno)*的一个女儿会了面。我的读者将知道,乌纳穆诺是我的一个偶像。他是一位折纸高手,而且对这门艺术作出了重要的贡献,但这一点并不广为人知。我在这展览会上展出了一只纸鸟,如果你用一个指尖托在它的喙下,它就会水平地保持平衡。其中的秘诀是:每个翼尖里藏着一枚1美分硬币**。

莱格曼早年为金赛研究所***工作。有一段时期他编辑《纽罗蒂卡》,一本专门以各种色情内容为题材的杂志****。通过这本杂志的各页,他宣扬着他的观念:"造爱,而不是制造战争(Make love, not war)。"莱格曼于1999年去世,留下一部厚厚的自传手稿,还没找到出版商。

在后来的年月中,我有一位好朋友,叫艾伯特·帕里(Albert Parry),一名俄国的反共产主义者。他逃脱了被射杀的命运,辗转来到美国。他从一本关于文身的历史书开始,撰写了许多书,包括一本关于现代恐怖主义的大型著作,和一本关于美国放荡不羁作风之精彩历史的书,名叫《阁楼与伪装者》(Garrets and Pretenders)。

---

* 米格尔·德·乌纳穆诺(1864—1936),西班牙哲学家、文学家,曾对存在主义进行较通俗的介绍,并着重阐述"虚无"、个人存在、历史等问题,文学上具有神秘主义倾向,著作有《人生的悲剧性感情》(Del sentimiento trágico de la vida)、《维拉斯凯斯的耶稣圣像》(El Cristo de Velázquez)、《三部模范小说和一篇序言》(Tres novelas ejemplares y un prólogo)等。——译者

** 这只纸鸟的两翼应该向侧前方伸展,翼尖达喙的两侧,与喙保持相等距离,使得在翼尖藏好硬币后整只纸鸟的重心在喙处。一般来说,翼展越大,越稳定。——译者

*** 金赛研究所。1947年由美国印第安纳大学设立,宗旨是"提高全世界性健康和性知识的水平"。研究所以著名性学家艾尔弗雷德·查尔斯·金赛(Alfred Charles Kinsey, 1894—1956)的姓命名,并由金赛任第一任所长。——译者

**** 这本杂志的英文原名是 Neurotica。遍查英文词典,此词仅与"神经"有关,而无半点"色情"痕迹。或因与 erotica(色情作品)形似(其实两词不同源),借以障眼?——译者

我初次见到帕里,是他在芝加哥大学攻读研究生学位的时候。我当时正在写一篇关于怀尔德的文章,而帕里早先写过一篇关于怀尔德的短文。我终于找到了他。他让我坐下看他的文章,并做笔记。多年之后,我们再次相遇还成了朋友,他常来看我,并极力向我灌输斯大林是一位邪恶的暴君以及马克思对现代经济学毫无贡献这种观念。巧的是,他的两个儿子同我两个儿子取了一样的名——詹姆斯(James)和托马斯(Thomas)。

帕里和弗拉基米尔·纳博科夫(Vladimir Nabokov)*是朋友。纳博科夫的小说《普宁》(Pnin)就是以帕里为原型的。一天帕里给我看了一套纳博科夫写的俄文书,是纳博科夫送他的。每一本都签了名,有的还画有一只小小的蝴蝶。收集蝴蝶是纳博科夫的两个业余爱好之一。另一个是象棋。他有一本小说,讲的是一位象棋特级大师,而且纳博科夫发明并发表了无数个雅致的排局。

我实在忍不住要多说几句。纳博科夫的小说《看,那些小丑!》(Look at the Harlequins!),是说一个不能区分左右的人。这本小说深受我的《两面性的宇宙》一书的影响**。在我的那本书中,我从纳博科夫在他小说《微暗的火》(Pale Fire)开头的美妙诗句中引用了两行。我开

---

* 弗拉基米尔·纳博科夫(俄文名 Влади́мир Влади́мирович Набо́ков,1899—1977),出生于俄国的美国作家。十月革命后随家庭流亡欧洲,这期间用俄文写作,完成作品多部。1940年定居美国,改用英文写作,终于蜚声国际文坛。尤以《洛丽塔》(Lolita)最为著名。——译者

** 请参阅 "The Ambidextrous Universe of Nabokov's *Look at the Harlequins!*", by D. Barton Johnson, in *Critical Essays on Vladimir Nabokov*, ed. Phyllis Roth (G. K. Hall, 1984); and "Ambivalence: Symmetry, Asymmetry, and the Physics of Time Reversal in Nabokov's *Ada*", by N. Katherine Hayles, in her book *The Cosmic Web: Scientific Field Models and Literary Strategies in the Twentieth Century* (Cornell University Press, 1984)。——作者

了个玩笑,没有说这些诗句是纳博科夫写的,我把它们归在约翰·谢德(John Shade)的名下,在《微暗的火》中这人物被设定为这首诗的作者。纳博科夫在他的小说《爱达》(Ada)中回应了这个玩笑。在第542页他引用了同样的诗句,并且说明"它们也被一位虚构的哲学家('Martin Gardiner')所引用过"。我不知道这里把我的姓拼错是一件意外的事还是纳博科夫所开玩笑的一部分。

在我同夏洛特邂逅之前,我在纽约城的社会生活完全局限在魔术界的朋友圈中。编辑着戏法杂志《凤凰》的布鲁斯·埃利奥特(Bruce Elliott),每个星期五晚上会在他位于曼哈顿上西城的公寓里招待魔术界的朋友。通过布鲁斯,我认识了十几位魔术师,其中大多数成了我的朋友。我认识了"神奇的"兰迪,关于他,我将在其他地方有许多话要说。我认识了伟大的韦尔农,并同他成了朋友。被人们称为"教授"的他,对现代魔术的贡献比任何人都大。韦尔农在好莱坞的魔术城堡(Magic Castle)*度过了他的晚年。他住在那里,长年为观众表演。

我认识了文塞斯先生(Señor Wences),他是著名的口技演员。我认识了克莱顿·罗森(Clayton Rawson),他是好几本探案小说的作者。这些小说的主人公是梅利尼(Merlini),一位魔术师侦探。尽管托尼·拉维耶利(Tony Ravielli)不是魔术师,但我绝不能把他忘记。他是埃利奥特的朋友,一位画家,他为《体育画报》(Sports Illustrated)所设计的封面使他闻名遐迩。拉维耶利为我的好几本书配了插图。

我与保罗·柯里做了朋友。他的"红黑分明"(Out of This World)**

---

* 魔术城堡,位于美国洛杉矶好莱坞区富兰克林大道的夜总会,以魔术为主题,于1963年开张。世界上的顶级魔术师全年无休地在这里表演。能在魔术城堡表演,是魔术师至高无上的荣誉,故称为"魔术界圣地"。——译者

** "红黑分明",能按一名观众不看牌面的随意猜测而把一副牌的红牌与黑牌分开的戏法。——译者

是迄今所发明的最伟大的纸牌戏法之一。我逐渐认识了罗伊·本森（Roy Benson），他的舞台表演，我在罗克西剧场（the Roxy）*看过好几次，那真是美的体现。还有卡莱尔、加西亚、斯坦利·雅克斯（Stanley Jaks）、戴利医生、吉布森、奥斯卡·魏格尔（Oscar Weigle）、比尔·西蒙（Bill Simon）、沃斯伯夫·莱昂斯（Vosburgh Lyons）、豪伊·施瓦茨曼（Howie Schwartzman），以及其他的职业和业余的魔术师，太多太多，说不过来。

我现在想不起来自己是怎样或者说是什么时候同鲍勃·奥本（Bob Orben）及其妻子琼（Jean）首次相见的。奥本以一家魔术商店的演示者和一本适用于魔术师的小型笑话书的作者开始了他的职业生涯。不久之后他又出了一本较大型的笑话书，办了一本关于时事幽默的期刊，读者对象是这个国家的政客们。成了一名为斯克尔顿、杰克·帕尔（Jack Paar）**、迪克·格雷戈里（Dick Gregory）***及其他演艺人士编写喜剧的作家。有一段时间，他是福特（Ford）总统的讲稿撰写人。

一天，奥本告诉我，他那些关于笑话的文档放在橱柜里，结果这些橱柜太重，把地板都压弯了。最终他对创作笑话的套路烂熟于心，他几乎已没有必要去查询他的文档了。我们多年来通过信件保持接触，偶尔也相互看望。

我认识了比尔·格雷沙姆（Bill Gresham），他是《噩梦巷》（*Nightmare Alley*）的作者，这是迄今描写巡回马戏团生活的最佳小说。它被改编为

---

* 罗克西剧场，位于美国加利福尼亚州洛杉矶西好莱坞的日落大道上的著名夜总会。——译者

** 杰克·帕尔（1918—2004），美国作家、广播电视喜剧演员、脱口秀主持人。《时代》杂志在他的讣告中写道："他的粉丝们会记住他是把脱口秀历史分为两个时代的人：帕尔之前和帕尔之后。"——译者

*** 迪克·格雷戈里（1932—2017），美国人权活动家、社会批评家、作家、企业家、喜剧演员。——译者

电影*,由泰隆·鲍华(Tyrone Power)主演,演一个巡回马戏团演员。这演员后来穷困潦倒,沦落为马戏团里做恶心表演的小丑:咬下活鸡的头,吃玻璃。格雷沙姆曾经对我说,有一天他领悟到,他的这个小丑,是所有痛恨自己职业但又无其他谋生手段的人的一个象征。

格雷沙姆当时已同乔伊·戴维曼(Joy Davidman)结婚,他们俩都曾经是美国共产党的积极成员。戴维曼是这个党的《新大众》(New Masses)杂志的戏剧和诗歌编辑。她最终变得不再迷恋共产主义,并且写了一系列文章登在《纽约邮报》(New York Post)上,题目是《共产主义者女孩》(Girl Communist)。她读了 C. S. 刘易斯(C. S. Lewis)**的书,结果成了皈依圣公会的一名信徒。她开始与刘易斯通信,当时刘易斯是一个上了年纪的英国单身汉,以他的纳尼亚儿童幻想故事以及许多关于基督教争辩学的著作而闻名遐迩。

有一天,对自己的婚姻日益感到痛苦的戴维曼对格雷沙姆说,她正在打算同他离婚,并带着她的两个孩子去伦敦,准备在那里嫁给刘易斯!

格雷沙姆认为这是他所听到的最好笑的事。然后突然地,令他大为惊讶的是,戴维曼真的按她所说的那样做了。她同格雷沙姆离了婚,带着她的儿子们去了英国,并传话给格雷沙姆,她和刘易斯很快就会结婚!

刘易斯婚后出版了一本书,书名叫《惊悦》(Surprised by Joy)。这书名的意思当然是双关的——由信仰导致的喜悦,和这位突然进入一种沉闷生活的女人***。刘易斯曾说"我喜爱单调",以此来描述这种生活。

现在该出妙语了。格雷沙姆曾经对我说,刘易斯写的那本书,书名

---

* 电影的中文译名是《玉面情魔》。——译者

** C. S. 刘易斯(1898—1963),英国文学家、评论家、学者、基督教神学家。著名作品有"纳尼亚传奇"(The Chronicles of Narnia)系列、《返璞归真》(Mere Christianity)、《爱情的寓言》(The Allegory of Love)。——译者

*** 乔伊的英文原名 Joy,就是"喜悦"的意思。——译者

取错了。它应该是"**崩悦**"（Overwhelmed by Joy）。正如刘易斯的所有粉丝都知道的那样，这喜悦是短命的。戴维曼患了癌症，不久就去世了。刘易斯又写了一本书，书名是《卿卿如晤》（A Grief Observed）。书中他纠结于这样的谜：为什么上帝允许如此多的痛苦？

　　戴维曼去世后，格雷沙姆去拜访刘易斯，安排他那两个未成年儿子的照料事宜。他带着一本我的《注释版艾丽丝》（是签名本）作为礼物送给刘易斯。我要格雷沙姆问问刘易斯他是否曾经看过鲍姆的绿野仙踪童话。回答是没有。鲍姆对卡罗尔的两本《艾丽丝》极其崇拜。他把他的一本非绿野仙踪的幻想小说取名为《一个新奇境》（A New Wonderland），后来才改名为《毛国的魔法国王》（The Magical Monarch of Mo）。我相信这不是巧合：第一本《艾丽丝》的第一个词是"艾丽丝"，而第一本绿野仙踪童话的第一个词是"多萝西"。

　　格雷沙姆对鲍姆极其崇拜。在一期《鲍姆号角》上，他写了一篇动人的文章，说有一段时间，他因为与戴维曼离婚而深感沮丧。他给一位朋友打电话，这朋友有一个女儿的卧室空着，就让他去那里过夜。格雷沙姆在房间里发现了一本鲍姆的《奥芝国的稻草人》（The Scarecrow of Oz），这是他还是孩子时就喜爱的一本书。他把这本书拿起再看，以度过夜晚。结果他一宿没睡。

　　我第一次同格雷沙姆相遇时，我们握手，他给了我一个大大的赞扬。"有人告诉我，"他说，"你是个真正的巡回马戏团演员。"我知道他的意思是什么。我的一个人生遗憾是，当我是一名青年时，我从未去巡回马戏团"入行"。要不，我或许会在"一票十看"的帐篷（the Ten-in-One tent）*里作为魔术师露上一手呢。

---

*"一票十看"的帐篷，巡回马戏团专门表演短节目的帐篷剧场。曾规定买1张票可看10个节目。这些节目除了一些"畸形秀"（如由侏儒、巨人等表演）外，必定还有小型魔术及特技表演，而魔术往往由临时雇用的业余魔术师表演。——译者

第十八章

夏洛特

万一这广阔的世界一去不返,留下黑色的恐惧,
无边无际的夜晚,只要你和你那雪白的胳膊还在,
而且末日降临的日子十分遥远,
那么上帝、人类、栖身之地,将对我毫无必要可言。

——斯蒂芬·克莱恩

像大多数男人那样,我在坠入爱河——同夏洛特——之前,也有我该有的女朋友。关于这些女朋友,我没有什么可说的,除了说她们很优秀,而且对她们每个人我都曾半心半意地爱过。

在我的一生中,我一直认为自己对女人没有吸引力。我是个以自我为中心的知识分子,对所有的宗教都漠不关心,也不高大英俊。我身高5英尺8英寸(约1.7米),而且瘦骨嶙峋。我体重从未超过130磅(约59千克)。在一定程度上,我有点儿像我的偶像福尔摩斯。华生这样告诉我们:他"以他豪放不羁的整个灵魂,厌恶社会上一切繁缛的礼仪"。下面这个说法归于格劳乔·马克斯(Groucho Marx)*——他永远不会加

---

*格劳乔·马克斯(1890—1977),美国喜剧和影视演员。获1974年第46届奥斯卡金像奖终身成就奖,不但在表演艺术上成就斐然,而且有一些风趣幽默且让人思索的警句传世。——译者

入一个想要收他为会员的俱乐部。与这个观点相近的某种观念,笼罩在我与女性的关系上。我总是隐隐觉得,如果一个女人认真地对待我了,那肯定是有什么地方搞错了。

当然,以上说法并不完全真实。但凡我终止一段关系,其中就有残忍的成分。我认为这是我最摆脱不了的原罪。关于我的爱情生活,我将不再说什么,原因是我无法想象有读者会对其中的细节有丝毫的兴趣。

夏洛特是个例外。我是在我的好朋友西蒙安排的一次相亲上同她相见的。西蒙是奇异的戏法圈子中我许多哥们中的一个。说到职业,他是在他父亲的新泽西州工厂里工作,那工厂制造汽车用的刹车片。西蒙是一位技艺精湛的纸牌魔术表演者,他的几本关于高级纸牌魔术的书,以及一本精装版的名叫《数学魔术》(Mathematical Magic)的书,使他在魔术师当中十分有名。

当时,西蒙正在同一名姑娘约会,那姑娘有一位离了婚的闺蜜,住在布朗克斯区(Bronx)*,名叫夏洛特·格林沃尔德(Charlotte Greenwald)。西蒙安排我们四人在曼哈顿的一家餐厅用餐。我生动地记得我对这位年轻美丽女子的第一印象,她有着一抹动人的微笑,可爱的绿色眼睛,一根长长的羽毛竖立在帽子的一侧。我们跳舞时,夏洛特跟着我,没有丝毫想主导的冲动。而且她有着一种奇妙的气味。

当然,气味是不可能描述的,但是我知道夏洛特的气味不是来自任何类型的香水。它来自她的头发和身体,而且紧紧依附在她的衣服上。如果有人把十几件衣服放在我面前,是包括夏洛特在内的十几个女人穿过的,我凭气味就能很容易地挑出她的衣服。我现在想起了萨默塞特·毛姆(Somerset Maugham)的一本书中的一段文字。他写到曾经问威尔斯的一名情妇,威尔斯最吸引她的地方是什么。他预期她会说

---

*布朗克斯区,美国纽约城最北面的一个区。——译者

是他的才智或幽默。她让他大吃一惊,说是威尔斯那芬芳宜人的气味!

好了,关于嗅觉的事说得够多了。我几乎立即沉溺于爱情之中,第一次,也是最后一次。至于结婚,大障碍在于我当时很穷。我通过向《绅士》投稿积蓄了一小笔钱,但我先前说过了,《绅士》不再喜欢我的写作风格。新编辑主要对像海明威(Hemingway)这样的著名作家的虚构作品感兴趣。夏洛特也有一小笔积蓄,那是她前不久在J. K.拉瑟公司谋得一个职位而挣来的,那是一家大型的会计师事务所。我作为一名自由撰稿人正在为生计而奋斗,然而成效有限。给我们未来的暗淡前景雪上加霜的是,我患了白内障。这病既遗传自我父亲也遗传自我母亲,但是我发生晶状体浑浊的年龄比他们早得多。我们有一次约会时,夏洛特注意到我屁股处的裤子上有一个大洞。救星终于到来了,我成了《汉普帝·邓普帝》的特约编辑,正如我在前面某一章里说过的。

有了来自《汉普帝》的一份似乎固定的收入,我们决定破釜沉舟、勇往直前。我们都不想要豪华的婚礼,我们负担不起。但我有个魔术师朋友乔治·斯塔克(George Starke),他是一名市法官。他在他的办公室里主持了仪式,不收费,西蒙做男傧相。甚至我们的乏色曼氏试验*(市里要求做的)也是免费的。另一位魔术师挚友,沃斯伯夫·莱昂斯(Vosburgh Lyons)医生,纽约城的一位持强烈的反弗洛伊德观点的精神病医生,在他的办公室里做了这个试验。沃斯(Voss)**是个爱开玩笑的家伙,他把夏洛特吓得不轻:他去另一个房间,然后出现了,蜷缩着身子,头发梳得覆盖着前额,咯咯地笑,还挥舞着一支巨大的皮下注射针头。

我们结婚后,在第14街的一幢无电梯房子的三楼住了一小段时间,然后我们就搬到了格林尼治村查尔斯街17号的一套较大的公寓

---

*乏色曼氏试验,一种检测梅毒的试验。——译者

**沃斯,沃斯伯夫的简称。——译者

里。这是在一幢老式的赤褐色砂石建筑里,这建筑现在早已被一幢较高的公寓大楼替代。我们楼上住着著名的钢琴家和作曲家诺尔曼·德洛·乔伊奥(Norman Dello Joio)。他的蟑螂们辗转周折,爬进了我们的一个衣柜,我们不得不请专业人员来清除。我们楼下住着海伦·劳伦森(Helen Lawrenson),一位作家,以她的回忆录《派对上的陌生人》(Stranger at the Party)和《绅士》杂志上的一篇文章《拉丁人是糟糕的情人》(Latins Are Lousy Lovers)最为著名。她的女儿(姓名我想不起来了)令父母大吃一惊,嫁给了阿比·霍夫曼(Abbie Hoffman),一个政治上的激进分子,《偷这本书》(Steal This Book)和《革命仅是玩玩而已》(Revolution for the Hell of It)的作者。他大约被捕过40次,主要是因为与毒品有关的指控。他于1988年自我了结。

我们的第一个儿子吉米就是我们住在格林尼治村的时候出生的。那个年月,格林尼治村的街头犯罪几乎绝迹。有些晚上,我待在家里做保姆照看孩子,而夏洛特去了附近的一家电影院看电影,她根本不怕一个人走夜路。

因为极想脱离纽约城,而且夏洛特又怀上了我们第二个孩子汤姆,我们就把格林尼治村的这套公寓卖了,搬到了多布斯费里,那是纽约州韦斯特切斯特县的一个位于哈德逊河畔的郊区。托马斯·欧文(Thomas Owen)*不久就出生了。对于我们这个正在扩大的家庭,以及对于我因存放图书和文档而对更多空间有日益增长的需要来说,位于多布斯费里贝莱尔大道26号的这幢房子就显得太小了。把这幢房子卖了后,我们搬到了往南仅隔几个街区的同一条街上。这次搬家跨越了镇界,我们的住址变得更有数学气息了——欧几里得大道10号——在那个名叫黑斯廷斯村的镇上。

---

*这是作者第二个儿子的正式姓名,前文一直以昵称汤姆(Tom)提及。——译者

在那儿我同一位邻居成了朋友。他就是坎费尔,当时是《时代》杂志社的图书编辑。我给他的第一本书《瘟疫年代纪事》(*A Journal of the Plague Years*)写了书评。斯特夫这本书的主题是乔·麦卡锡(Joe McCarthy)*时代所谓的"红色威胁"被极度地夸大了。它对美国政治几乎没有影响,除了拿来吓唬公众。好莱坞的一小群共产主义者想尽一切办法在电影中偷偷地塞进有关的宣传,但是成效甚微。麦卡锡原来不过是个小丑。顺便提一下,H. L. 门肯(H. L. Mencken)**在《自由》(*Liberty*)杂志上一篇名为《红色鬼怪》(The Red Bugaboo)的文章中也发出了类似的论调。这篇文章应该重印出版。

斯特夫不久就离开了《时代》杂志,成为一名成功的自由撰稿人和《新领导》周刊的戏剧评论员。《新领导》是一本自由主义的期刊,它曾经是警告人们斯大林主义有着种种邪恶的最响亮的声音。坎费尔以他的"格劳乔传记"而名利双收,不久又继续写出《火之球》(*Ball of Fire*),即露西尔·鲍尔(Lucille Ball)***的生平,以及《某人》(*Somebody*),即马龙·白兰度(Marion Brando)的生平。

斯特夫的一位朋友弗兰克·肖夏(Frank Scioscia),在哈德逊河的河岸上开了这个镇的一家旧书店。他需要给这个店起个名。我建议用"riverrun"(河水流淌),这是《芬尼根的守灵夜》(*Finnegans Wake*)中的第

---

* 乔·麦卡锡(1908—1957),美国政治家。共和党人,1946 年当选为参议员。1950 年 2 月发表演说,声称国务院内有共产党员,引起轰动。1951 年领导参议院常设调查小组委员会对国内的共产主义和亲共产主义的力量进行镇压。1954 年 12 月参议院通过弹劾麦卡锡的决议。该时期史称"麦卡锡时代"。——译者

** H. L. 门肯(1880—1956),美国文艺批评家、语言学家。有杂文《偏见集》(*Prejudices*)和学术专著《美国语言》(*The American Language*)等作品。——译者

*** 露西尔·鲍尔(1911—1989),美国女演员、制片人。擅长喜剧,被誉为美国电视剧"一代女王"。——译者

一个词,于是它就成了这家店的店名。现在这店由肖夏的女婿经营。依我看,riverrun是纽约州最好的珍藏本书店之一。

我认为乔伊斯的《尤利西斯》是一本伟大的现代小说,但说到《芬尼根的守灵夜》,我觉得它是一个几乎没有价值的稀奇古怪的大玩物。这本书的崇拜者们浪费了难以置信的大量时间,来探索这部小说中成千上万个双关语和其他形式的文字游戏。伊斯门回忆起有一次同乔伊斯闲聊,乔伊斯得意地告诉他,自己在《芬尼根的守灵夜》中隐藏了许多河流的名字。伊斯门写道:"我决不会浪费精力去试图找出所有那些河流来。"的确,这本书会在这里或者那里突然转变成和谐悦耳的音乐,但是从总体上看,他的妻子描述得很到位,她称之为一大堆炒杂烩菜。

我的读者们对我经常从《芬尼根的守灵夜》中找到适宜的一两句话引来作一篇文章的卷首语而感到惊讶。他们猜想我是这本书的一名认真仔细的学生。我不是的。我找这种引语的秘诀在于:查阅一份超大的《芬尼根的守灵夜》专门词汇表,注意其中与一篇文章的主题多少有点关系的词或作者捏造的词。

从黑斯廷斯村,我们搬到了北卡罗来纳州亨德森维尔的一幢房子里。在这之前不久,我已放弃了我的《科学美国人》专栏,我再也没有必要乘坐从纽约城开出的短途火车了。我们有一些朋友早先就定居在亨德森维尔,那是阿什维尔市的一个寂静的小郊区。他们高度赞赏这个村镇,所以我们就进行了一次小小的旅行,去这个地方考察一下。我们马上就爱上了这个村庄。它曾经是桑德堡最后的家,而阿什维尔是托马斯·沃尔夫(Thomas Wolfe)*的故乡,以及欧·亨利

---

* 托马斯·沃尔夫(1900—1938),美国作家。他的4部长篇小说《天使,望故乡》(*Look Homeward, Angel*)、《时间与河流》(*Of Time and the River*)、《网与石》(*The Web and the Rock*)和《你不能再回家》(*You Can't Go Home Again*),被人们誉为史诗般的作品。——译者

(O. Henry)*最后的家。沃尔夫和欧·亨利都埋葬于此,而沃尔夫的小说《天使,望故乡》中那个天使的雕像,立在阿什维尔的一所公墓里。

我们在亨德森维尔的第一个家远在乡下。在屋里,透过一扇镶着整块玻璃的大观景窗,可以看到群山起伏的壮丽景色。这里有着充裕的房间,供我存放文档和图书。它的缺点是,驱车去最近的超市得沿着一条弯弯曲曲的狭窄道路开上半个小时。我们把这房子卖了,搬到了位于亨德森维尔市中心的一个新建住宅区。那儿有一个小小的湖,湖里有两只黑天鹅。一天深夜,其中一只天鹅横穿马路,我没有看到它,开车压了过去。当然,我付钱赔偿,再买了一只黑天鹅。在这湖底,住着一只大型鳄龟。居民们从来未能找到它并把它处理掉。我告诉他们,我曾经问夏洛特是不是愿意光着脚在湖中各处蹚水,找出那只龟的所在,但是她拒绝了。

对于我那不断扩张的文档和藏书,我们的房子再次显得太小了。我们搬到了我们最后的家,一幢都铎风格**的拉毛粉饰墙的大房子,靠近这个城镇的中心。

虽然我们住在亨德森维尔,但我们的小儿子汤姆,却住在离我们不远的南卡罗来纳州格林维尔。他在那里努力奋斗,以一名艺术家而谋

---

* 欧·亨利(1862—1910),美国短篇小说家。主要作品有《麦琪的礼物》(*The Gift of the Magi*)、《警察与赞美诗》(*The Cop and the Anthem*)。与俄国的安东·巴甫洛维奇·契诃夫(Антон Павлович Чехов,1860—1904)和法国的居伊·德·莫泊桑(Guy de Maupassant,1850—1893)并称世界三大短篇小说巨匠。——译者

** 英格兰历史上,自1485年亨利·都铎(Henry Tudor,1457—1509)夺得王位(是为亨利七世)始,至伊丽莎白一世去世止,前后118年,历经5代君主,均系都铎家族,故称"都铎王朝"。都铎王朝时期,发展起了一种民间建筑风格,称"都铎风格"。这是一种混合着传统的哥特式和文艺复兴样式的建筑风格。但是20世纪美国的都铎风格当是所谓都铎复兴风格,它在保持原有风格的基础上,强调安逸舒适而古朴,简单和乡村化是其特点。——译者

一份生计。他毕业于罗德岛设计学院,他的雄心是成为一名成功的画家。不幸的是,他所有的画作都抽象到一个难以说出其优点的程度。偶尔能卖一幅画给当地的一家画廊,使得他希望犹存。他除了卖那些画外,还接受诸如画建筑壁画之类的工作。

汤姆后来从格林维尔搬到了阿什维尔,靠亨德森维尔较近,他如今仍住在那儿。他异常聪明,读了很多科学幻想小说及其他书籍,写的信也很棒。我部分地资助着他,把他作为受扶助人写在我的所得税申报表上。

我们的大儿子吉姆,毕业于凯尼恩学院,获心理学和人类学双学位,继而在密歇根大学获教育学博士学位。他的博士论文是关于用计算机来帮助智力障碍人士。他娶了埃米,他在凯尼思学院的一位同班同学。我在写这本书的时候,吉姆是俄克拉何马大学教育心理学系的一名特殊教育教授。埃米是公立学校的一名心理咨询教师。吉姆和埃米有三个有才华的孩子:马丁(Martin)、威廉(William)和凯特(Kate)。马丁吹奏小号,威廉是一位演员,而凯特是一位女演员和歌手。

有一阵子,吉姆对魔术产生了兴趣,竟然去孩子们的聚会上表演。如同大多数教授那样,他持自由主义的政治和经济观点,他的妻子亦然。而且如同几乎所有的心理学家那样,他怀疑诸如ESP、PK和预知能力之类超常力量的实际存在,以及诸如针对自闭症儿童的辅助沟通训练之类虚假疗法的有效性。中学时,他在《彭赞斯海盗》(The Pirates of Penzance)*的一次演出中担任主角。他关于技术的知识非常丰富,我的孙子马丁也是如此。我用吉姆传给我的一台苹果电脑Apple Cube上

---

*《彭赞斯海盗》,二幕诙谐音乐剧。由英国作曲家阿瑟·西摩·沙利文(Sir Arthur Seymour Sullivan,1842—1900)和英国剧作家威廉·施文克·吉尔伯特(Sir William Schwenck Gilbert,1836—1911)创作。1879年在美国纽约城百老汇首演。说的是近乎仁慈的海盗和近乎仁慈的贵族之间的纷争,颂扬爱情、忠诚、信义等,最后皆大欢喜。100多年来一再上演,经久不衰。1983年还拍成了电影。——译者

网。尽管我拒绝使用电子邮件，但谷歌成了一件必不可少的搜索工具。当我的苹果电脑崩溃时，吉姆会当场搞定。

你可能感到奇怪，为什么我的两个儿子既没有被教育成犹太教徒（夏洛特的宗教背景），也没有被培养成卫理公会派教徒（我的）。在我们结婚前，我说我将很高兴加入一个犹太教会，但是夏洛特拒绝了。她说她将很高兴加入一个卫理公会教会，但是我拒绝了。在我的最后一章中，我将解释为什么夏洛特和我称我们自己是"哲学上的有神论者"，对任何有组织的信仰都不感兴趣，但是仍然相信上帝，希望有来世。

当我们第一次把亨德森维尔作为一个居住之地来察看时，夏洛特描述它是一个"很那个的镇"（pretty how town），这是引用了卡明斯的一首诗的第一行：

"或人"住在一个很那个的镇上

（有如此多的钟啊上下浮荡）*

确实，亨德森维尔有一座教堂，它的钟楼上有一些钟在浮荡。我的朋友罗恩·埃奇（Ron Edge），南卡罗来纳大学的一位退休物理学家，经常来亨德森维尔，到教堂敲那些钟。我们总是在一起交换关于趣味物理学的信息，那是一个对我们俩来说都十分有趣的论题。埃奇会在期刊《物理教师》(Physics Teacher)上详细描写关于新科学戏法的细节及要买的玩具。

---

* 此处两行诗的译文，第一行引自《天真的歌——余光中经典翻译诗集》（江苏凤凰文艺出版社，2019年版）。第二行原文是"(with up so floating many bells down)"。余先生说，"如果理顺了，应该是 with so many bells floating up and down"。卡明斯的诗的特点之一，就是倒装、穿插和交错。这行诗这样排列各词，"更缤纷有趣，能表现许多种上下摇动此起彼落的情调"。余先生译为"(有这么升起许多的钟啊下降)"。由于其中隐去了floating，与本书下文不能契合，故斗胆作了重译，但原句的倒装等就无法表现了。——译者

另一位同样对这一领域感兴趣的物理学朋友是宾夕法尼亚州洛克黑文的唐纳德·E.希马内克(Donald E. Simanek)。他运营着一个很棒的网站，专门致力于这个论题。唐(Don)*特别感兴趣于设计精巧的永动机，它们在纸上看起来似乎是可以工作的，但做成模型，它们的轮子就拒绝转动了。(见我的《新时代》一书中关于"永动"的那一章。)

夏洛特在晚年有两个兴趣爱好，它们给她带来了许多快乐。第一个是收集瓷器小鸟，这方面的收藏品她最终卖给了当地的一个古董经销商。另一个是收集铁制门挡。它们有许多是微型雕塑的精美例子，例如一套卡罗尔那两本《艾丽丝》书中的人物。夏洛特在这方面得到了一批珍贵的藏品，这批藏品她最终通过一家商号拍卖掉了。这家商号由珍妮·贝尔托亚(Jeanne Bertoia)经营，她是第一本关于门挡收藏的手册的作者。

夏洛特的收集活动主要是在我们去逛古玩集市时进行的，这些集市在驾车可达的距离之内。这样的出行就是我们的小假期。夏洛特会去找门挡，而我就去找根斯巴克的月刊《科学与发明》以及《约翰·马丁之书》(一本儿童杂志)的各期单本。我终于收齐了这两种期刊的全套。后来我把我的《科学与发明》杂志卖给了一位根斯巴克有关物品的收藏者，而把我的《约翰·马丁之书》杂志送给了阿什维尔的北卡罗来纳大学。你可以在我的《从浪迹天涯的犹太人到小威廉·F.巴克利》一书中发现我对根斯巴克及其杂志的赞颂，那本杂志是我青年时代的一大乐趣之所在。我对《约翰·马丁之书》的赞颂也在同一本书中。

当夏洛特于2000年去世，而且我没能力通过我驾驶执照的续期考试之后，我意识到86岁是该登记入住一家赡养院的时候了。我选择在诺曼，因为吉姆住在那儿附近。他关心并解决我的购物需求问题，而且

＊唐，唐纳德的简称。——译者

每星期来看我一次。我在诺曼的温莎花园住一个单间套房,在那里我每天早上早餐后服5片药片。我主要的健康问题是2型糖尿病,现由药物控制。我的血压较低,胆固醇情况一般,视力很好。我在四十几岁时做过白内障手术,自那以来我的配镜验光报告单上从未有过任何变化。我正在打字,今天是2009年10月21日,我95岁。

我的房间足够大,可以放下一个文件柜和少量的图书。我的其他图书,同其他文件柜一起都储藏着。应杰出的计算机科学家高德纳的请求,我把我的数学图书捐给了斯坦福大学。我的关于伪科学的文档,已经给了位于纽约州阿默斯特市的普罗米修斯图书公司(Prometheus Books),这家出版社出版了我十几本抨击伪科学的书。他们还把我的喜剧式宗教小说《彼得·弗洛姆的出走》作现货备存。这本小说是讲一位五旬节教派的年轻人,在芝加哥大学神学院学习期间,逐渐失去了自己的信仰,但仍坚持着相信上帝和来世。

我的另一本小说《来自奥芝国的访客们》,似乎是写给儿童看的,但其实是写给成人看的,特别是那些作为绿野仙踪迷的成人。它讲了多萝西和她的伙伴们(铁皮樵夫和稻草人),对奥芝国的紫色吉利金地区一些奇怪城镇进行的访问。我设想格林达把奥芝国移到了一个平行世界。多萝西和她的两个朋友通过一个叫作克莱因瓶的古怪的拓扑结构,居然能够来到纽约城,传播一部关于奥芝国的新音乐剧。《纽约时报》称我这本书是"一部糟糕的小说",但是伦敦的《泰晤士报文学副刊》给了它一个长长的表示赞许的评论。你可以在谷歌上找到类似的评论。

我如今95岁,仍然具有足够的智慧来继续写作。我远远落后于我朋友阿西莫夫的大约300本书,但是我已经抓紧时间做到了接近100本,如果你把100页以下的小册子也算上的话。如果把写给儿童的书和写给魔术师的书包括进来,这个数字还可以大一些。像阿西莫夫一样,我享受写作,而且基本不为文思枯竭而苦恼。我最重要的书是《一名哲学写手的为什么》，因为这是我所有信仰的一个自白。我这里的最后一章将总结那些成见。我次重要的书《夜很大》(The Night Is Large)，是一本随笔的结集。这个书名取自我最喜爱的引语之一。它来自邓萨尼勋爵的剧本《诸神的笑声》(The Laughter of the Gods)："人是个小东西，夜很大，而且充满奇迹。"

邓萨尼的作品如今几乎无人问津了，但是自从我在塔尔萨图书馆发现他的《最后一本奇迹之书》以来，我就对他的小说和短篇幻想故事爱不释手。我最喜爱的邓萨尼小说是《潘的祝福》(The Blessing of Pan)。它是说英格兰乡下的一个村庄，在潘的影响下，放弃了圣公会教义，回归异教信仰。

我的另外两个文学偶像是威尔斯和切斯特顿。我在其他地方写到过，如果你能够理解我怎么会欣赏这两位人物（一位是彻底的无神论者，另一位是虔诚的天主教徒），你就能开始理解我那自成一格的有神论了。他们对我来说，都有积极的一面，也有消极的一面。威尔斯对存在上帝和来世的可能性视而不见，但他非常尊重和理解科学。我喜欢威尔斯主要是因为他对乌托邦的憧憬——确信人类现在有能力创造一个没有战争、没有不公的世界。我喜欢切斯特顿，是因为他的幽默感、他的写作风格、他的幻想，尤其是他持续的对存在着我们和一个宇宙的惊讶和感激。关于这方面的更多内容，我将在最后一章中讲述。

第十九章

鲍勃和贝蒂

我第一次遇见鲍勃是在米沙沃卡野营地。我弟弟和我参加了那里的夏令营。几十年后,我的两个儿子和三个孙辈也要去那儿。吉姆和他的妻子埃米,后来成了米沙沃卡野营地的辅导员。

同我的朋友肖一样,鲍勃从小被教养为一名天主教徒。同肖不一样的是,他后来放弃了这一信仰。我们仨形成了一种三位一体的同盟,并持续我们终生。

贝蒂比我小几岁,住在我从小在那里长大的那幢房子的马路对面。我记不起她和鲍勃是怎样认识的。有可能是我介绍的。不去管他,反正他们认识后不久,贝蒂向鲍勃和我报信,说她在塔尔萨一家百货商店的橱窗里发现一个很好笑的陈列模式。一个女性人体模型将一只右手伸在空中,中指向上竖起。鲍勃和我立即驱车去那家商店验证。果然,贝蒂描述得太准确了!

一个炎热的夏天下午,在鲍勃和贝蒂开始约会之后,这对情人开车去什么地方,鲍勃坐在驾驶位上。他穿着一条短而又短的短裤。他后来告诉我,贝蒂坐得靠他那么近,这令他亢奋不已,以致他那玩意儿从他短裤的边缘探出头来,暴露在视野中。

鲍勃的婚礼是一种天主教的仪式,这是为了让他母亲高兴。贝蒂不是天主教徒,但也不反对天主教式的婚礼。我回想起鲍勃告诉我说,婚礼之前他必须去教堂忏悔。他所有能想起来要说的话就是，他一直有着"下流的念头"。

有一段时期，鲍勃和贝蒂住在芝加哥大学附近的一个公寓里，而我就住在离他们仅几个街区的地方。鲍勃在芝加哥编辑一本名叫《交通世界》(*Traffic World*)的期刊。其出版人是肖的一位天主教朋友，他拥有的关于切斯特顿的收藏品可与肖的收藏匹敌。从《交通世界》，鲍勃又转到《广告时代》(*Advertising Age*)的一个编辑岗位，这杂志也是在芝加哥编辑。

没几年之后，他搬到了新泽西州，在曼哈顿编辑一套讨论家庭装潢的时代生活丛书。我当时正住在纽约城，因此我继续去看望鲍勃和贝蒂，以及他们的两个女儿苏珊(Susan)和贝齐(Betsy)，尽管次数比我们都住在芝加哥的时候要少得多。

现在我来说说我写这一章的理由。这是为了给子孙后代记录下鲍勃的一些不伤害人的恶作剧。我发誓它们全都是真的，不像那么多有趣的恶作剧都是编造的事情，从来没有发生过。

在鲍勃结婚前，有一小段时间他在哥伦比亚大学修几门课。一天晚上，鲍勃从一家酒吧出来，略有点醉。他穿过校园，经过哥伦比亚大学哲学楼前那座罗丹的《思想者》雕像。这座雕像一直让我感到好笑，因为它似乎让这所大学在告诉全世界，我们**这儿**是拥有人类所有最深刻的思想者的地方。

在一种冲动之下，鲍勃爬到这座雕像的顶端，坐在它的头上，在那里他摆出这雕像的姿势，即一个裸男在作沉思状。学生们从旁边经过，看到有人蹲坐在雕像头上，他们当然就停下来瞪着眼睛看。于是，鲍勃就大声宣布，他们可以问他任何问题，而他会给他们一个明智的回答。哎呀，这些问题和回答没人给录下来。过了一会儿，鲍勃爬了下来，跌跌撞撞地走了。他告诉我第二天他回到雕像那儿，无论如何也想不出他是怎么会居然爬到顶端的。而当时他确实很容易就爬上去了,一点儿也不费劲。我后来以这个事件为背景写了个短篇小说,但是没有杂志愿意录用它,我很早就把它扔了。编辑们可能认为这件事是我无中生有编造出来的。

有一天鲍勃独自去一家游乐园玩,他乘上了一个租地经营的设施。那设施有两个座位,面对面地附在一根可旋转长杆的两端,因此当长杆转动时,随便哪个座位上的人都会周期性地发生头脚颠倒的情况。鲍勃随身带了一份报纸。当长杆转起来时,他打开报纸,若无其事地装模作样看了起来。有一群人注意到了他这个样子,便聚拢过来围观。乘坐结束后,经营这设施的人对鲍勃说,如果他愿意把这报纸上的内容背出一丁点儿,他就可以接下来再乘一次,免费。鲍勃谢绝,并溜达着走开了。

一天下午,当时夏洛特和我正在塔尔萨看望我父母,鲍勃正好也在这个城里,我们同他在主街不期而遇。他问我们去哪儿,我们说了塔尔萨最大的百货商店的名字。我们分手,背向而行。走过了一两个街区,我们进了那家商店,乘垂直电梯到三楼。当我们踏出电梯时,只见鲍勃在迎接我们,还咧嘴一笑,然后一声不响地进电梯下楼去了。我们根本记不得告诉过鲍勃我们想买什么,但是我们肯定是告诉过了。他于是从另一条路飞奔来到这家商店,乘电梯到销售我们想买的东西的楼面,然后在电梯门口等着我们的到来!完全出乎我们的意料,我们被他弄得怔住了。这个小插曲是鲍勃那离奇能力的一个典型表现,他能在一瞬间的灵感下发明一个善意的玩笑。

我在塔尔萨有一位朋友叫宾·索普(Bing Soph),他也是鲍勃的朋友。索普和他的一家搬到了休斯敦。一天晚上索普搞了个派对,参加的都是前塔尔萨人。当派对正进行得热火朝天时,有人敲门,是一个样子奇怪的男人,留着长长的胡子,戴着墨镜,问自己是不是可以参加这个派对。他被迎了进来。大约一个小时过去了,这个陌生人拉掉了他的胡子,摘下了他的眼镜,原来他就是鲍勃,这里每个人都认识他,但没有一个人怀疑过这是鲍勃。

鲍勃对恶作剧的兴趣可以追溯到他的中学年月。他和一个朋友有一家俱乐部的专用信纸,他们在这信纸上方俱乐部名称的旁边印了一个无意义的图案。这个图案是鲍勃先前闭着眼睛画下的。这两人用这信纸开了一系列的玩笑,我只说其中一个。他们写了一封信给一家生产回形针的厂商,说他们数了一下他们买的一盒回形针中有多少枚,结果只有98枚,但这盒子上说其中有100枚。他们在信中继续说道,更有甚者,当他们初次打开这盒子时,一股奇怪的气味从盒子里散发出来。信不信由你,鲍勃给我看了他们收到的那回形针公司的回信。信上说,往一只盒子里装回形针时,有时候会略少于100枚,有时候会多一点。至于那种特别的气味,他们真的不知道是什么导致的。

鲍勃最逗趣的玩笑之一与芝加哥的一家滑稽歌舞综艺剧场有关。鲍勃和塔尔萨的一位朋友,叫鲍勃·格里菲思(Bob Griffith)的,他们戴着墨镜,头颈上挂着牌子,上面写着"请帮助盲人",然后径直走进这个剧场,在第一排坐下。鲍勃后来告诉我,当一个正在台上表演的舞蹈合唱团注意到第一排的这两个人时,他们几乎崩溃,步子都乱套了。

鲍勃的红头发妻子贝蒂从不参与鲍勃的玩笑,但是她乐于讲这些玩笑。他总是能源源不断地供应精彩的笑话,其中大多数是荤段子,而她则以一种可与最好的单口相声匹敌的方式讲出来。她喜欢讲,有一次她和鲍勃在他们家浴室里,鲍勃正坐在空浴缸的边上,一只手拿着一杯马提尼。他滑了一下,跌进了浴缸,然后挣扎着站了起来,那酒一滴没洒!

我最喜欢的鲍勃氏玩笑是一个杰作。它是说芝加哥的一位女性朋友到他们新泽西州的家中来看望他们,她在他们家过了夜。她离开后,夫妇俩发现她落下了一只手套。鲍勃没有把这手套寄给她,而是起了一个"恶劣"的念头。他拿着这只手套跑了好几家百货商店,直到他找到了一副与手中完全一样的手套。然后,他给那女士寄去了一只手套,但那是与她现有手套**同一只手的**!鲍勃告诉我,他们再也没有收到她的回信。

第二十章

上 帝

"上帝死了。"——尼采(Nietzsche)*

"尼采死了。"——上帝

——匿名者的涂鸦

当我的许多粉丝发现我信上帝,甚至希望有个来世的时候,他们感到震惊和失望。他们似乎认为,如果我怀疑盖勒能用他的心灵把调羹弄弯,那我肯定是个无神论者!请允许我在这里用一章来澄清一下我用**上帝**这个词指的是什么。

我不是指《圣经》中的上帝,特别不是指《旧约全书》中的上帝,以及其他任何声称受到神之启示的书中的上帝。对我来说,上帝是一个"全然他者"(Wholly Other)**,具有超常的智能,不可能让我们理解。他或她以某种方式对我们的宇宙负责,而且有能力提供一种来世,但我一点儿也不知道怎样提供。

---

* 尼采(1844—1900),德国哲学家。唯意志论和生命哲学的主要代表人物之一。其哲学大致包括权力意志说、永恒轮回说、超人说、反理性主义说、非道德说等。尤其是认为超人是历史的创造者,群众只是超人实现其权力意志的工具。——译者

** "全然他者",基督教神学术语。用以描述上帝因具有神圣性、永恒性等本质特性,故与其他所有的存在物完全不同。——译者

作为卡尔纳普——顺便说一下,我曾经同他合作写过一本书——的一个极度的崇拜者,我把所有超自然的和神学的断言都看作在某种意义上是无意义的,包括上一段文字中所作的陈述。我当然不"确信"有一个上帝或一个来世。我只能希望这两个都存在,而有了这种希望,一个朦胧的信念便不胫而走。

信仰,用圣保罗的那些人们熟悉的话来说,就是"所望之事的实底,是未见之事的确据"*。上帝是什么样的,或者来世是如何成为可能的,我连最模糊的概念都没有。在我的《一名哲学写手的为什么》中,我给出了关于来世的三种模型,结论是它们没有一个是真实的。上帝是在时间之内还是之外? 他是一个还是多个? 我怎么可能用我小小的脑袋来得知?

基督教的上帝是三位一体的。印度教的主神是四位一体的**。就我们所知,这些神应该有一个等级结构。无神论者喜欢用这样的问题来嘲弄有神论者:"是谁创造了创造一切的神呀?"或许他一直存在,或许不是。邓萨尼勋爵有一个精彩的故事,叫《寻找的悲哀》(The Sorrow of Search),收在他的文集《时间和诸神》(Time and the Gods)中。它讲有一位国王,去爬一座高山,寻找比"古时的诸神"——阿斯古尔(Asgool)、特罗达思(Trodath)、斯昆(Skun)和鲁格(Rhoog)——还要伟大的诸神。

国王很快就遇上了一个三位一体的伟大神灵。他爬得更高,又碰到了其他伟大的诸神,直到他最后到达了他相信是终极之神的地方。当他的伴侣,一位先知大师,正在一块岩石上镌刻,以记录他们的寻找成功结束时,国王看见了在远处的薄雾中有四位更加伟大的神的面孔。

---

* 这段引语出自《希伯来书》(Letter to the Hebrews)11章1节。盛传《希伯来书》是圣保罗写的,但也有强烈的反对意见。——译者

** 印度教有三大主神:梵天、毗湿奴、湿婆。这里说"四位一体",或许是指这些主神都有四条手臂,梵天还有四个头。当然,关键是指它是一个多神教。——译者

或许你已经猜到了他们的身份。是的,他们就是阿斯古尔、特罗达思、斯昆和鲁格!

邓萨尼的神灵循环是基于数学家所称的"非传递关系"。这古时的四位神,称他们为A,低于B,B低于C,如此等等,直到这个循环抵达A,这古时的四位神!甚至詹姆斯,一位有神论者,也在他的《宗教经验之种种》(Varieties of Religious Experience)的最后一页,也考虑了多神论的真正可能性。

倒也是,为什么要把人的信仰局限于一个上帝呢?最好的回答是"奥卡姆剃刀"。我们的内心根本没有需要想添加多个并不需要的神灵。在一个理性和科学的时代,相信一个上帝已经够困难的了。除非你是在一个像印度这样的文明中成长起来的(在那里有一种根深蒂固的多神论),一个单一的上帝就足以满足你内心的饥渴了。确实,古希腊人和古罗马人同他们美丽的诸神相处得很好,印度人也是这样,但对于西方世界的我们当中那些觉得需要了解宇宙背后的意义,并希望有个来世的人来说,一个单一的神灵就足够了。

我同意卡尔纳普的观点,即各种宗教信仰与理性都几乎无关。它们基于各种恐惧的情感,以及一种希望,即希望我们和我们所爱的人不会永远消失,比方说被卡罗尔的恶蛇鲨*吞噬。

这种宗教的情感论(有时人们这样称呼它),令无神论者们很抓狂。罗素在他《西方哲学史》(History of Western Philosophy)关于卢梭(Rousseau)的一章中写道,相对于卢梭这样的有神论者,他更喜欢阿奎那,因为阿奎那至少给出论证。哲学上的有神论者,我赞赏的那一类

---

* 原文是 boojum。卡罗尔在他的长篇打油诗《猎鲨记》(The Hunting of the Snark)中虚构了一种怪物,叫 snark。此词用 snake(蛇)与 shark(鲨)合成,故译"蛇鲨"。boojum 是蛇鲨的一种,它能让靠近它的生物"悄无声息地突然消失"。Boojum 目前似无恰当的中文译名,权译"恶蛇鲨"。——译者

中,都没有什么好的论证。这就好比我坚持认为我已故的妻子很漂亮,而你认为她很丑陋。理性的辩论是不能期望有结果的。

　　出于情感的原因,我无法相信,这个奇妙的宇宙完全是由它自己蹦出来而成为现实存在的。在大约130亿年前大爆炸的瞬间,你和我都**潜在地**在那儿了。物质世界的定律如此这般,它们使得数十亿年后,一个寂寞的宇宙进化出像你我这样古怪的生物。(为了获得能量,我们不得不把有机物塞进我们脸上的一个孔洞。性爱则更是滑稽。)如果一位无神论者,比方说杜威,曾经对这样的存在,或者这样说吧,对一朵雏菊的存在,觉得奇怪,那么我想不起他哪怕有过一句话来表达这一点。

　　罗素有一次被问道,如果他发觉自己站在上帝的宝座旁边,他会说什么。他答道:"我会问上帝为什么他不给我们证明他存在的证据。"由于我不理解(或许我不能理解)的原因,上帝要的是**不被强迫的**信仰。或许有一天我会理解。或许没有这样一天。

第二十一章

我的哲学

> 我不想通过我的工作
> 来达到不朽……我想通过不死
> 来实现它。
>
> ——伍迪·艾伦(Woody Allen)*

我决定用一些关于我基本哲学观点的话来结束这些凌乱的回忆。切斯特顿在他《异教徒》(Heretics)一书的引言中主张,了解一个人,最重要的事是了解他或她的基本信仰。下面是原文:

> 虽然如此,但还是有一些人——我是其中之一——认为,关于一个人,最实际、最重要的事情仍然是他对这个宇宙的看法。我们认为,对于一位女房东来说,当她考察一名求租者时,了解他的收入是重要的,但了解他的人生哲学更为重要。我们认为,对于一位将军来说,当他准备同敌人作战时,了解敌人的数量是重要的,但了解敌人的人生哲学更为重要。我

---

* 伍迪·艾伦(1935—),美国导演、编剧、演员。1978年凭电影《安妮·霍尔》(Annie Hall)获第50届奥斯卡金像奖最佳导演奖和最佳原创剧本奖。1987年凭电影《汉娜姐妹》(Hannah and Her Sisters)获第59届奥斯卡金像奖最佳原创剧本奖。2012年凭电影《午夜巴黎》(Midnight in Paris)获第84届奥斯卡金像奖最佳原创剧本奖。其他获奖数不胜数。——译者

们认为,问题不在于是不是关于宇宙的理论影响着事物,而在于从长远看,是不是其他什么东西影响着事物。

在经济和政治的问题上,我称自己是一名民主社会主义者。让我赶紧补充一下,米尔顿·弗里德曼(Milton Friedman)*和他妻子罗斯(Rose)在他们的著作《自由选择》(Free to Choose)中说,自从罗斯福时代以来,美国一直是个民主社会主义国家,我同意他们的观点。在这本书的一个附录中,弗里德曼列出了托马斯上次竞选总统时社会党纲领中的经济政策条目。每一个条目,当时都被保守派强烈反对,而现在为大多数共和党人接受!我还同意弗里德曼的下述观点:世界上所有的民主国家都是民主社会主义国家。它们是混合经济,部分是自由的企业,部分是由政府控制的。它们的差别仅在于控制的程度。直到最近,美国的控制是最少的,那三个斯堪的纳维亚国家是最多的。只有在美国,社会主义成了一个脏字眼。

在第九章,我不合年份顺序地回忆了在纽约城进行的一次讨论会,会上托马斯讲了话。托马斯是我的偶像之一。当我们的国家在第二次世界大战期间把成千上万忠实的日裔美国人塞进集中营时,托马斯是唯一发出高声抗议的著名政治领袖。他从未像那么多易受骗的自由主义者那样,被苏联的虚假社会主义所迷惑。托马斯喜欢说,大多数人不知道民主社会主义、共产主义和风湿病**的区别。如今的托马斯们何在?奥巴马?希拉里(Hillary)?他们当然不能称自己是民主社会主义者。

---

* 米尔顿·弗里德曼(1912—2006),美国经济学家。1976年诺贝尔经济学奖获得者。现代货币主义的创始人和主要代表人物。主要著作有《实证经济学论文集》(Essays in Positive Economics)、《消费函数理论》(A Theory of the Consumption Function)、《资本主义与自由》(Capitalism and Freedom)。——译者

** "风湿病"一词的英文是rheumatism,其词尾与socialism(社会主义)、communism(共产主义)相同,故用以调侃。——译者

关于这次讨论会，还有一些回忆浮上我脑海。会上另一位演讲贵宾是威斯坦·奥登(Wystan Auden)*，英国诗人。他几乎没什么好说的，但是显然很乐意说，因为他对自己说的话笑个不停。

来自听众的问题写在纸条上传给了民主社会主义者胡克，他是主持人。胡克念了一个问题，那是问另一位民主社会主义者丹尼尔·贝尔(Daniel Bell)**的，但令全场感到好笑的是，胡克竟然由他自己来回答这个问题！这时，贝尔站了起来，把他的座椅转了个向，背朝着听众坐下，表示他作为一名演讲者却没有在场。我能生动地回忆起这些细节，尽管我再也想不起这次辩论会的主题是什么了。

除了过去的伟大诗人之外（他们的诗如钟声般回荡），我还喜欢许多不算最伟大的诗人，但是他们的诗我相信会比——比方说——威廉斯那些乏味的诗存在得更长久。我为多佛公司编过两本流行诗歌的选集，这些诗歌有的很棒，有的并不，但我宁愿把其中的任何一首再读一遍而不愿去读埃兹拉·庞德(Ezra Pound)***的诗。

---

* 威斯坦·奥登(1907—1973)，出生于英国的美国诗人。早期作品反映社会问题，晚年倾向于宗教和弗洛伊德学说。作品着重精神探索和哲理性思考，有时流于晦涩。1997年起普林斯顿大学出版社有《奥登全集》(The Complete Works of W. H. Auden)陆续出版，共6卷，主编爱德华·门德尔松(Edward Mendelson, 1946—   )，哥伦比亚大学英语和比较文学系教授。——译者

** 丹尼尔·贝尔(1919—2011)，美国社会学家。以对后工业社会的研究而闻名。主要著作有《意识形态的终结》(The End of Ideology)、《后工业时代的来临》(The Coming of Post-Industrial Society)和《资本主义文化矛盾》(The Cultural Contradictions of Capitalism)。——译者

*** 埃兹拉·庞德(1885—1972)，美国诗人、文艺批评家。倡导意象派诗歌，主张诗歌不重韵律而注重由内在冲动产生的节奏。对现代派诗人的思想和创作有一定影响。第二次世界大战中在意大利为法西斯作宣传，战后被判刑。代表作有《诗章》(The Cantos)。——译者

至于美术，我的口味，如同我对诗的口味，偏好古典。对于大多数现代美术，现实的或抽象的，我评价都比较低。毕加索跨立于这两种艺术类型，当他努力创作时，会产生一些辉煌的画作。而一些抽象派画家——例如保罗·克利(Paul Klee)*——绘出的画既有趣又逗乐。但是有许多非写实的画家，他们的作品在他们死后卖到几百万，我却认为他们是毫无才华的骗子。曾经为了好玩，我滴溅出一幅杰克逊·波洛克(Jackson Pollock)**作品的仿作。但我不得不又把它从墙上取下来，因为它使那些把它误以为真的访客们无比尴尬。伪造的波洛克作品现在比比皆是，那些无法把波洛克的真品同做得很好的赝品区分开来的艺术评论家们，真是不知所措。

　　在如今这个疯狂的美术界，取得成功的关键在于掌握一个其他美术家都没有的鬼花招，诸如波洛克的滴溅大法，弗朗兹·克兰(Franz Kline)***的用大刷子涂出的粗黑笔画，马克·罗思科(Mark Rothko)****的两个长方形，或者埃德·莱因哈特(Ad Reinhardt)*****的全黑(或者其

---

*　保罗·克利(1879—1940)，出生于瑞士的德国画家。画风单纯质朴，追求近似原始人和儿童的心理结构，后专注梦境和潜意识探讨。主张"艺术不是再现可视形象，而是创造可视形象"。——译者

**　杰克逊·波洛克(1912—1956)，美国画家。1947年开始使用"滴画法"，即把巨大的画布平铺于地面，用钻有小孔的盒、棒或画笔把颜料滴溅在画布上，以反复的无意识的动作画出复杂难辨、线条错乱的网。其作品被认为具有鲜明的抽象表现主义特征。——译者

***　弗朗兹·克兰(1910—1962)，美国画家。抽象表现主义画派创始人之一。画风深受东方书法的启发，其典型作品一般用粗黑的笔画描绘出抽象的构形。——译者

****　马克·罗思科(1903—1970)，美国画家。抽象表现主义画派代表画家之一。其作品画面很大，常用两三个长方形表现，色彩浓艳，边线模糊。——译者

*****　埃德·莱因哈特(1913—1967)，美国画家。抽象表现主义画派代表画家之一。最初用单一的色彩绘画，后来发展到在画布上全涂上黑色，之后又全涂上蓝色。——译者

他某种颜色的)画布。[见《来自超空间的精灵》中我的短篇小说《压皱纸大骗局》(The Great Crumpled Paper Hoax),说的就是发现一种新的极简主义雕塑鬼花招。]

现代雕塑已落到类似的地步。我这就想到卡尔·安德烈(Carl Andre)*的砖头堆,想到像牙刷之类的东西的巨大仿制品,以及其他几千个愚蠢的东西,它们居然被弄进了美术馆和公园。《纽约时报》(2009年3月27日)刊登了一张照片,上面是瑞士雕塑家阿尔贝托·贾科梅蒂(Alberto Giacometti)**的作品,一只青铜的猫。此作品将于5月5日在苏富比(Sotheby's)拍卖。这种讨人厌的猫贾科梅蒂一共铸了8只,每一只都不但毫无审美价值,而且实在丑陋无比。如果我在某家商店里看到他的这样一只猫在销售,而且不知道雕塑者的名气,要我花1美元去买下它我都不愿意。

苏富比预期这只《猫》(Le chat)能卖1600万—2400万美元。令这家拍卖行极其意外的是,没人想竞标,它卖不出去。

一时间我以为这是艺术品收藏者正开始恢复理智的一个信号,但并非如此。同一场拍卖会上,有一幅皮特·蒙德里安(Piet Mondrian)***的作品,名叫《黑白构图,用双线》(A Composition in Black and White, with

---

* 卡尔·安德烈(1935—),美国雕塑家。极简主义艺术的代表人物之一。他的作品"不用雕",而是用木材、砖、金属块等原始材料,堆砌或摆放成有序的线性结构或网格结构而形成,以此减少人为修饰,使作品自然融入空间,与观者产生共鸣。他的理念是:"如果要切割素材,不如把它们直接拿来切割空间。"——译者

** 阿尔贝托·贾科梅蒂(1901—1966),瑞士雕塑家、画家。其创作风格被称为超现实主义的。其雕塑强调瘦长的变形;其素描笔触颤动,手法自由。——译者

*** 皮特·蒙德里安(1872—1944),荷兰画家。其风格自称"新造型主义"。主张以几何形状构成"形式的美",绘画必须舍弃写实,与自然形象完全分离。作品多以竖直线和水平线、长方形和正方形的各种格子组成。反对用曲线。其画风对现代实用美术设计影响较大。——译者

Double Lines)。像铁路轨道那样的平行线,相距一把尺子的宽度,在画面上纵横交错。它以 920 万美元的价格被一位身份不明的竞标者买走。任何人,只要有一点起码的构图感,用一把尺和一支圆珠笔,就能在 15 分钟内作出这样的一幅"画"。纽约城的美术界一如既往地继续疯狂,不顾那时严重的经济衰退正困扰着这个国家。

1961 年,贾科梅蒂铸了 6 座比真人还大的青铜"线条人物",名叫《行走的人》(L'Homme qui marche)。我说的"线条人物",是指孩子们在课本书页边上画的那种小人的三维版本。(当快速翻动书页时,书页边上的小人会"动起来"*。)贾科梅蒂的这个"线条人物",其身架子表现出在大步行走之中,其下垂着的手臂长长的,其脑袋小小的。《行走的人》的其他版本收藏在顶级的美术馆中,有一座第一版的,收藏在匹兹堡的卡内基艺术博物馆。

2010 年 2 月 3 日,这座雕像的第二版(1961 年铸)在伦敦的苏富比拍卖。经过 8 分钟竞标,一位富有的匿名电话竞标者以 6500 万英镑(即 1 亿多美元)的价格拿下了这座雕像!这是有史以来为一件拍卖艺术品所付的最高价格。贾科梅蒂曾经说道,这个人大步行走时的"自然平衡",象征着他的"生命力"。苏富比把这《行走的人》描述为"既是一个人的谦卑的形象,又是人性的一个强有力的象征"。没有比艺术评论家的花言巧语更花言巧语的了。这座雕像被印在瑞士的 100 法郎纸币上。

在伦理道德方面,我坚持所谓的"情感论"。我同意康德的观点,即科学能够**描述**人是如何行事的,但它不能够提供一个"应该怎样行事"的标准,除非有着基于情感原因的公理的帮助。这种假设的一个显然的例子是"活着总比死去好"。我曾经在塔尔萨的一家酒吧里看到一个标牌,上面写着:"健康富有总比贫穷多病好。"

---

* 每张书页上的小人要与前后书页上的稍有不同。这就是电影的原理。——译者

现在说说我的宗教观点。我不想称自己为基督徒,尽管我无限尊崇耶稣的几乎所有教义(除了相信有地狱)——自然神论者托马斯·杰斐逊(Thomas Jefferson)*收集在他那著名的《杰斐逊圣经》(*Jefferson Bible*)里的教义。然而,我不再认为耶稣是上帝的化身,这是一个我觉得对于任何称他自己或她自己为基督徒的人来说必不可少的信念。

不知怎的,就像我那本喜剧小说中的弗洛姆那样,我设法保持着对一个人性化上帝的信仰和一种对来世的希望。我是一名所谓"哲学有神论者"。它有着一种高贵的传统,这种传统起始于柏拉图,信奉者包括康德、皮埃尔·培尔(Pierre Bayle)**、自然神论者们、詹姆斯、皮尔斯、拉尔夫·巴顿·培理(Ralph Barton Perry)***、埃德加·布赖特曼(Edgar Brightman)****,尤其是乌纳穆诺,这位西班牙哲学家、诗人和小说家。

---

* 托马斯·杰斐逊(1743—1826),美国政治家。美国第3任总统,1801年至1809年在任。自1816年冬天始,他把《圣经》中他认为真实且有意义的耶稣传说,以及有关道德品行的训诫,摘录下来。一共摘录了990节,经重新分类编目,形成他私人研读的"圣经"。这本《杰斐逊圣经》,排除了耶稣的"奇迹",否认了耶稣的神性,把耶稣看作一位受人尊重的古代哲学家。其由杰斐逊后人收藏,1895年由美国国会买下,1904年起公开出版。——译者

** 皮埃尔·培尔(1647—1706),法国启蒙思想家。用怀疑论抨击宗教,批判经院哲学和形而上学。认为理性与信仰是对立的,道德与宗教并无必然关系。其思想对18世纪法国哲学影响极大。著作有《历史和批判辞典》(*Dictionnaire historique et critique*)等。——译者

*** 拉尔夫·巴顿·培理(1876—1957),美国哲学家。新实在论主要代表之一。提出自我中心困境的理论,并提倡直接呈现说。又提出"价值兴趣说",认为兴趣是一切价值的最初根源与不变特征。著作有《六个实在论者的纲领和第一篇宣言》(*The Program and First Platform of Six Realists*)、《现代哲学的趋势》(*Present Philosophical Tendencies*)等。——译者

**** 埃德加·布赖特曼(1884—1953),美国哲学家。认为上帝的人格是宇宙的本原,科学的任务是认识上帝的人格。著作有《上帝问题》(*The Problem of God*)、《自然与价值》(*Nature and Values*)、《人格与实在》(*Person and Reality*)等。——译者

哲学有神论问心无愧地基于心灵的假定而不是头脑的假定。它坦率地承认无神论者有着所有最好的论证。**不存在**有着上帝或者来世的证明。确实,所有的经验事实表明,没有上帝。如果上帝存在,那他为什么会如此小心翼翼地把自己隐藏起来?所有的经验事实表明,我们死后,我们的尸体腐烂了,我们的脑子什么也没留下。

在海军待了四年后,我回到了芝加哥大学。在那里,《退伍军人权利法案》(G.I. Bill)保障了我的学费,让我修了有生以来对我最有影响的哲学课程。那就是卡尔纳普的科学哲学讨论班。这门课令我如此刻骨铭心,以致我后来说服卡尔纳普,他下次再上这门课的时候,请他妻子用录音带把它录下来。从这录音带上,他妻子把卡尔纳普说的每一句话,连带学生的提问和卡尔纳普的回答,用打字机打了出来。每星期她把打好的文本寄给我,我就把它们塑造成卡尔纳普写的唯一一本不用专业术语的作品。基础读物出版社(Basic Books)以《物理学的哲学基础》(Philosophical Foundations of Physics)为书名将它出版。多佛公司的一个重印本把书名改为《科学哲学导论》(An Introduction to the Philosophy of Science)。书中的每一个思想都是卡尔纳普的,而每一个句子都是我的。这次合作是我一生中最幸福的工作之一。

如今卡尔纳普在年轻的哲学家中已经不时髦了,但我相信他的声誉将再次鹊起,最终超过他主要对手卡尔·波普尔(Karl Popper)*的正在崩溃的名声。波普尔刻意对卡尔纳普异议不断,却又偷偷地把卡尔纳

---

* 卡尔·波普尔(1902—1994),出生于奥地利的英国科学哲学家。提出批判理性主义与"猜想-反驳"的科学知识观,反对证实方法与归纳主义。提出三个世界的理论:世界Ⅰ为物理对象,世界Ⅱ为主体意识与经验,世界Ⅲ为思想内容,是人造的,但有独立自主性,有其自身发展逻辑。主要著作有《历史决定论的贫困》(The Poverty of Historicism)、《猜想与反驳》(Conjectures and Refutations)、《客观知识》(Objective Knowledge)。——译者

普的观点以一套不同的术语再说出来。"我们之间的距离是个非对称函数,"卡尔纳普曾经写道,"从波普尔到我这儿的距离短。从我到波普尔那儿的距离长。"

我有时在下述意义下称自己是个"神学上的实证主义者"。我同意卡尔纳普的实证主义,即宗教的陈述在认知上是无意义的,是不为逻辑和科学所支持的。我不确信有个上帝。我不确信有个来世。然而,相信其中任一个说法在情感上并非无意义的。就像卡尔纳普曾经说的,宗教信仰和科学信仰就像两个分离的大陆,没有陆地将它们相连。你可以希望有个上帝,以及再一次生命,不过这是一个仅仅依赖于欲求的希望。

萨根在他去世前不久,写信跟我说,他刚刚重读了我的《为什么》,如果说我信仰上帝只是因为这样会使我更愉快,是不是公正?我回答说,实际上,"你说到点子上了"!我的信仰完全依赖于欲求。然而,它带来的愉快并不像喝了第二杯马提尼之后的短暂兴奋。这是一种持久的逃脱,逃脱在一种扎心的领悟之后的绝望,那领悟就是你和其他每个人很快就将从这个宇宙中彻底消失。这是一种解除某种痛苦的努力,它或许是遗传的,而这种痛苦来源于相信这个宇宙只不过是一个瞎眼白痴的故事,它充满了喧嚣和狂乱,而且什么意义也没有。

詹姆斯曾经说过,他那篇著名的随笔《信仰的意志》(The Will to Believe)本应该叫《信仰的权利》(The Right to Believe)。在这篇为信仰之跃(leap of faith)*作辩护的经典文章中,詹姆斯详细地说明了使这种跳跃为正当的条件。例如,作出要跳跃的决定必须是郑重其事的,是一个深刻地影响到一个人生活的跳跃。例如,你不要跳跃到一个对圣诞老人或山姆大叔的信仰。如果这个跳跃与科学或任何其他类型的可靠证

---

* 信仰之跃,指出于信仰而做出的大胆、冒险的举动。——译者

据相矛盾,那么就不能证明它是正当的。如果它是去,比方说,相信UFO或者住在月球背面的一个怪物,那么也不能证明它是正当的。这个跳跃必须是举足轻重的,是一个深刻地影响到你生活的决定。

对待信仰的这种情感化方式使得像罗素这样的无神论者大为恼火。为什么?因为那就显然没有办法驳斥一个人要作这种跳跃的决定了。那就没有办法解决分歧了。

如今那种古老的关于上帝存在的设计论证明*,正在为它的复兴而兴高采烈,这次复兴基于大约20个物理学常量的微调。让一个常量改变一点点儿,那么星系就不可能形成,就不可能有太阳,不可能有行星,从而不可能存在有知觉的生物。唉,这个证明很容易被这样的可能性驳倒:存在着无穷多个宇宙,每一个宇宙都为它的这些常量随机地取定了值,因此……

这个新的设计论证明,其逻辑确实被这样的概念粉碎———一个具有各种不同定律和常量的多重宇宙,但代价太大了!这个证明具有强大的情感力量。相信存在一个造物主上帝,尽管没有证据,看来也比相信有着那么多的,或许是无穷多的世界要简单得多,令人满意得多,何况后者也没有证据。

萨根比较诚实。他说如果他能再活一次,与父母和其他亲爱的人们重新团聚,而且(请让我补充)了解科学的新发现,比方说在其他行星上发现生命,那该多好。萨根相信这样的希望是不可能实现的,因为它完全缺乏证据。

随着乌纳穆诺一起前行,我更进一步。不仅没有证明上帝或另一

---

*人及生物的生理构造如此合理巧妙,大自然各系统的运转如此协调有效,这一切被认为是精心设计的,这个设计者不会是别人,只能是全智全能的上帝。这就是关于上帝存在的设计论证明。最早提出这种论证的据说是古希腊哲学家苏格拉底(Socrates)。——译者

次生命存在的证据，而且有着强有力地表明两者都不存在的证据。恶到毫无理性的暴行意味着一个公正上帝的缺失。死后大脑的坏死说明其中什么也没留存。信仰之跃显然是堂吉诃德式的不顾一切风险的行为。乌纳穆诺的最优秀的书之一，就是他对《堂吉诃德》的评论。《堂吉诃德》是一本讲一个受蒙骗的人的书，乌纳穆诺把这个人作为笃信之人（the person of faith）的一个象征。

除了是一名哲学上的有神论者之外，我还属于一个自称为"不可解释论者"的思想者的群体。我们确信，存在着远超出我们头脑目前理解能力的真理，就像被**我们**理解了的真理超出了一只黑猩猩的理解能力。尽管黑猩猩是距离我们最近的"亲戚"（两者几乎所有的DNA都是一致的），但没有办法使一只黑猩猩理解，比方说，2的平方根。我们不可解释论者相信，认为我们的大脑不会再随着人类的进化而继续改进，那是过度自满了。

如今，"不可解释论者"中著名的人物有乔姆斯基、彭罗斯，以及哲学家麦金、约翰·塞尔（John Searle）*和内格尔。麦金是这个群体的领袖，他写了好几本为不可解释论辩护的书，尤其是《意识问题》（1993）。顺便说一下，"不可解释论者"这个名称取自一支摇滚乐队。麦金最近把"自我意识是由我们脑壳里面小块物质制造的"比作那些无法相信的事情，例如：发现一块面包正在制造着计数数，或者一个伦理体系已经从大黄中浮现。他的这个言论与托马斯·赫胥黎的一个说法呼应。赫胥黎说，在一个人的脑中出现意识，这就好像阿拉丁（Aladdin）在擦拭他

---

* 约翰·塞尔（1932—　），美国哲学家。以对语言哲学、心灵哲学和社会哲学的贡献而声名卓著。他用名为"中国房间"的思想实验，来反驳所谓"强人工智能"的哲学立场。主要著作有《言语行为——语言哲学论》（Speech Acts: An Essay in the Philosophy of Language）、《心灵导论》（Mind: A Brief Introduction）、《意识的奥秘》（The Mystery of Consciousness）。——译者

的神灯时出现了一个神灵那样令人吃惊*。康德和莱布尼茨也是早期的不可解释论者。到谷歌上去找一篇关于"新不可解释论"的好文章来看,并去找英国记者约翰·德比希尔(John Derbyshire)**的那篇随笔,其中讲了他为什么放弃基督教而成为一名世俗的不可解释论者。

一个深深的谜,远超出我们目前的理解,就是意识和自由意志的奥秘。这两个名称本质上是指同一样东西。不可能想象有其中一个而没有另一个。有些不可解释论者认为这个奥秘是暂时的,不久会有个好日子到来,那天神经科学家将解决这个谜。我属于不可解释论的比较激进的一派——认为这件事要过好长好长时间才能发生,或许永远不会发生。

当然,还有更为漆黑一团的奥秘。**万物**为什么存在?宇宙为什么被数学模式描述得使科学成为可能?我们完全理解物质的性质吗?

远远没有!我们知道物质是由分子构成的,分子是由原子构成的,而原子是由电子、质子和中子构成的。质子和中子是由夸克构成的,而夸克和电子可能是由振动着的超弦圈构成的。那么这种弦是由什么构

---

* 阿拉丁和神灯的故事出自阿拉伯神话《天方夜谭》(*The Arabian Nights*)。这里表示麦金和赫胥黎等不可解释论者的观点:意识产生于心灵(mind 或 heart)而不是头脑(brain 或 head)。——译者

** 约翰·德比希尔(1945—),出生于英国的美国作家、记者、评论家。曾为《国家评论》杂志主持专栏,论题涉猎广泛,包括移民、中国、历史、数学和种族。做过计算机系统分析师。在语言学上也有造诣。其数学普及作品《素数之恋》(*Prime Obsession*)获美国数学会首届欧拉图书奖。1972年在李小龙主演的电影《猛龙过江》(*The Way of the Dragon*)中饰演角色,2018年又在电视连续剧《快乐的家园》(*Happy Homelands*)中出演自己。妻子齐红玫(Lynette Rose Derbyshire,1962—),出生于中国,诗人。他的那篇随笔,应该是发表于《国家评论》网络版2006年10月30日的《关于信仰的常见问题解答》(Faith FAQ),网上又称之《简言之,我是一名不可解释论者》(I am, in short, a Mysterian)。——译者

成的？似乎是纯粹数学。有一位朋友曾经说，宇宙似乎是由虚无构成的，然而不知怎么一来它居然存在了。物质甚至可能有无穷多个层次。如果康德如今还活着，他会把粒子物理学看作对他那不可知的"物自体"(Ding an sich)这个概念的肯定。

对我的思想有着巨大影响的一位英国作家，是切斯特顿。虽然我没有被他为罗马天主教辩护时那铿锵有力的雄辩之辞诱惑，但我每隔几年就重读一次他的《回到正统》，而且总是带着快乐。我认为他的《代号星期四》是哲学幻想小说的一篇杰作。我对切斯特顿小说的喜爱，尤其是对他的布朗神父侦探案的喜爱，表达在我的《吉尔伯特·切斯特顿的幻想小说》一书中。最重要的是，我喜欢读切斯特顿写的一切东西，因为他有着永不停息的惊奇之感和对上帝的感激之情，不仅对复杂的事物，如他自己、他妻子以及宇宙，总感惊奇，而且对"庞然琐事"（他曾经这么称呼它们）也是惊奇不断，如雨、阳光、花、树、颜色、星星，甚至石头。石头"沿路闪亮如真，实则并不可能"，他在他那首伟大的宗教诗《第二次童年》(A Second Childhood)中如此描述。

在无神论期刊《自由探究》(*Free Inquiry*)（2009年4月/5月号）上，菲尔·朱克曼(Phil Zuckerman)*有一篇文章，名叫《敬畏主义》(Aweism)。其中说到他喜欢称自己为"敬畏主义者"，而不是无神论者、不可知论者，或世俗人文主义者。他的这篇随笔为无神论者体验敬畏的权利作了一个精彩的辩护——敬畏是对现实存在的伟大奥秘的一种深刻的惊奇感，是一种有时可能接近于恐惧的惊奇。

---

* 菲尔·朱克曼(1969——   )，美国社会学家。专门研究世俗社会学。主要著作有《没有上帝的社会》(*Society without God*)、《信仰不再》(*Faith No More*)、《宗教社会学的邀请》(*Invitation to the Sociology of Religion*)。——译者

朱克曼的卷首引语是爱因斯坦的一段人们熟悉的话，说的是一个没有惊奇感的人怎么就差不多等于死了*，就像一支蜡烛，它的火熄灭了。朱克曼是否知道，爱因斯坦在同马克斯·雅默（Max Jammer）**的谈话中坦率地声明，他既不是无神论者也不是泛神论者？［见雅默的《爱因斯坦与宗教》(Einstein and Religion)，48页。］他说，他是一个坚定的信仰者，信仰他所喜欢称的"老家伙"(the Old One)———一位超越性的全智全能者，在智能上远超过我们，是大爆炸和至少一个宇宙缓慢演化的制造者。

在朱克曼为敬畏主义的热情辩护中，有两个词明显地缺失了。它们就是"吉尔伯特"和"切斯特顿"。

然而，在切斯特顿的惊奇和朱克曼的敬畏之间，有一个巨大的区别。切斯特顿总是把他的惊奇和对他能有幸活在这世上的感激之情结合在一起。朱克曼不来这世上的可能性本来是极大的。假如是另一对精子和卵子相结合，朱克曼的母亲本会生出另外一个什么人。如果我的明妮（Minnie）姑妈有一副胡子，那她本该是弗雷德（Fred）叔叔。如果

---

* 有关的爱因斯坦语录当摘自爱因斯坦的《我的世界观》(Mein Weltbild)，原文是德文，其英译文有众多版本。与这里上下文关联较密切的且在网上很流行的是："The most beautiful thing we can experience is the mysterious. It is the source of all true art and all science. He to whom this emotion is a stranger, who can no longer pause to wonder and stand rapt in awe, is as good as dead: his eyes are closed."可译作："我们能够体验的最美丽的事物，是奥秘。它是一切真正艺术和一切科学的来源。那种对他来说这种情感已形同陌路的，已再也不能停下来表示惊奇并充满敬畏地伫立的人，近乎已死：他的眼睛已经闭上了。"——译者

** 马克斯·雅默（1915—2010），出生于德国的以色列物理学家、物理学哲学家。曾在西方多所著名大学和研究所任教和作研究。在普林斯顿大学时与爱因斯坦是亲密同事。对以色列的物理学和科学哲学的教育有贡献。著作有《量子力学的哲学》(The Philosophy of Quantum Mechanics)等。——译者

朱克曼曾把他的敬畏和感激之情结合过,他本会危险地迷失方向,走近有神论。正如切斯特顿喜欢说的,对于一个无神论者来说,最可悲的时刻之一是当他深深地感到要感激什么时,却没有人可感谢。

想到萤火虫。有一首邓尼萨勋爵的诗[在他的《五十首诗》(*Fifty Poems*)中],如此写道:

> 我在七月的一个晚上,
> 行走在狐狸出没的山岗。
> 天上的星星清晰明亮,
> 萤火虫在草丛中闪闪发光。
>
> 幻想使我的耳朵适应宽广,
> 包括刹车之类东西的吱吱声响。
> 它们细微的音调我听得清爽,
> 我听到一只萤火虫在把话讲。
>
> 它在这些小精灵们的耳旁,
> 絮叨着一只虫子对星星的轻狂:
> "它们是萤火虫,同我们相仿,
> 只是不怎么重要,至今仍这样。"

现在,存在着某种明显的意义,在这种意义下,这萤火虫的说法是准确的。一颗恒星在使一颗行星上的生命成为可能上或许是重要的,但是考虑它本身,它是一个死的东西——一团没有生命的旋转着的原子,按照爱因斯坦的著名方程辐射着能量。它的构造是简单的,容易理解的。与一颗恒星,甚至与一个星系相比较,一只萤火虫要复杂许多,它是一个活的东西。还要经过很长的时间神经科学家才能完全搞清楚它那小小的脑袋。它很快会从幼虫变成一盏会飞的"小灯",这是一个神奇的变化,比海因那黑色的泥土变成黄色的番红花还要神奇。

至于上帝和来世,我们的头脑告诉我们那都是假想。乌纳穆诺提醒我们,《旧约全书》(14章1节)中的诗篇说的不是:"愚顽人**头脑**中说,没有上帝。"*上帝只是心的一个希望。

让济慈来说本书的结束语吧。在济慈二十几岁的时候,得知自己将很快死于肺痨,又无法知道他是否会因为自己的诗而被人们记住,他在一封信中写了如下悲伤的话:

是不是再有一次生命?我会不会醒来发现所有这些是个梦?肯定有[来世],我们不可能被创造出来受这种痛苦。

济慈没有在听他的头脑。他的头脑告诉他,再一次生命的可能性近乎零。他在听着他的心。

---

* 这段经文应该是:"愚顽人心里说,没有上帝(The fool hath said in his heart, There is no God)。"不可解释论认为,上帝的概念出自心灵(mind 或 heart)而不是头脑(brain 或 head)。——译者

后 记

我最儒雅的朋友……

从何说起呢？我真的是一点儿也想不起我是在哪儿——或者准确地说是在什么时候——同马丁第一次相遇的。我相信那一刻可能发生在差不多70年前*在《科学美国人》杂志的办公室里，但似乎我一直都认识他。他成为我生活中的一个如此坚定不移的伙伴，成为我世界中的一个如此可以依赖的部分。我是如此习惯于拿起电话打给他，或者接到他打给我的电话，那总会使我在宇宙知识方面得到一种进步。唉，但是再也不会有了……

在25年的时间中，马丁为《科学美国人》撰写"数学游戏"专栏，并由于这个工作而名满天下。我可以证明这个事实，因为我在周游各国时，无论到哪儿，我与马丁相识这件事一被人提出作为话题，我就会被团团围住。

他还是大约70本书的作者。我经常在与学界人士的交谈中随口提及我与马丁的友谊，而在我周游世界（正如我一生中大部分时间所做的那样）的过程中，我经常发现，有些学界人士对我居然直接认识这位传奇人物表示十分怀疑。我回想起许多年前，我给IBM公司的系统工程师们作了一次演讲，讲话中我提到了马丁。讲话后我立即被来自听众的一群人包围，他们要我确定，马丁是不是一个实际存在的个人，说

---

*似有夸大。——译者

不定是阿西莫夫、阿瑟·C.克拉克(Arthar C. Clarke)*和一位可能是我同行的魔术师的组合,因为他的作品是如此频繁地涉及那种只有这样的三人组才能信手拈来的专业知识。我向他们保证,这位优秀的典范其实是单单一个人,一个不折不扣的人,就像他所表现的那样非常有造诣。这时,他们才得体地表示了惊讶,并有所明白。

在IBM公司的那次露面中,我被要求向他们的系统工程师们提到,他们那种在1970年就适时地问世的370系列商用机不会被更新型的系列取代,而这本是一个人们所期望的变化。但事实上,370系列的那些机器一直持续用到20世纪90年代。我急忙与马丁商讨,问关于370这个数他知道些什么,看看是不是可以让我弄进我的演讲。"啊哈!"他说(这样还发明了一个书名**),"370是一个等于其本身各位数之立方和的数***。这样的数,除了0和1,只能有4个****。370是其中之一。那么这些数中比它大的下一个数是哪个呢? *****"我说不上来。当他把答案告诉我时,我觉得我就是个傻子。那可是太显然了。"如果你对一种与西班牙语的关联感兴趣的话,"他接着说道,"那就把370上下倒转过来。"我做了,IBM公司对效果非常满意。我敢肯定,只要我们愿意选

---

* 阿瑟·C.克拉克(1917—2008),英国科幻小说家。多次获雨果奖和星云奖。主要作品有《2001太空漫游》(*2001:A Space Odyssey*)、《天堂的喷泉》(*The Fountains of Paradise*)、《与拉玛相会》(*Rendezvous with Rama*)。——译者

** 指马丁·加德纳的《啊哈!灵机一动》和《啊哈!原来如此》这两本书的书名。——译者

*** 即有 $370 = 3^3 + 7^3 + 0^3$。——译者

**** 这4个数称为水仙花数(Narcissistic number)。有关的进一步情况,读者可去互联网上查询。——译者

***** 原文是"What's the next highest one?",似应是"(这些数中)第二大的数是哪个?"但答案得把这4个数都求出来才能得到,不是一下子就能说出来的。这样就与下文不合。疑有误。故改现译。——译者

择一个其他的什么数,马丁就会把关于这个数的有趣事情滔滔不绝地说下去。

我认识一位女士,她在《科学美国人》失去马丁的专栏之前就为这家杂志工作。我在同她的交谈中得知,他们曾对续订杂志的人进行过一次简短的调查,问这些人这样做的理由。令人意外的是,他们发现有相当大比例的回答说是因为"数学游戏"专栏,没有任何其他理由。

还有一件事,我不时被人问起,那就是马丁实际上是否具有数学上的学位——他没有。他曾经就此向我表示过,在《科学美国人》上开始了他的专栏后,他边干边学地多少学了些数学。我必须说我相信这是真的。当他把刚刚偶然发现的什么东西,或者在他思维敏捷的头脑里突然想到的什么东西,应用到手头的一道题目上时,他的喜悦溢于言表。确实,"喜悦"是这个人气质上的一个主要特征。这种热情当然被输送到了他的书和《科学美国人》专栏文章之中。他始终在赞美发现,详述发现,并寻找新的方式把它们传播给公众——特别是年轻人。他会在一群孩子当中,给他们出一道绞脑汁的难题,接着便进入"啊哈"这个环节,在其中他会提供一个答案——通常是你完全没有想到的——使得一切都一目了然。他从来也没有比这个时候更高兴的了。

马丁的作品,文风清澈明朗,这使他成为一位伟大的教师。他对卡罗尔的《艾丽丝》故事极为赞赏,这很可能给了他编织故事的灵感。他钻研了卡罗尔构造的每一个句子,从中提取出他所能提取的一切类型的精妙含义。当然,写作时记下的则是他的观察,从而多年来令他那遍布全球的粉丝兴奋不已。他的兴趣范围相当广。他的朋友圈主要包括职业魔术师、数学家(所有类型的)、哲学家,还有少数无赖恶棍以及足够多样化的怪人,以使他对世界的认识更完整。

我自己作为一名无神论者,我承认我对这个人是一名自然神论者多少有些惊讶。当我就这个逻辑上的明显说不通询问他时,他平静地告诉我,他十分清楚无神论者有一个比他的争辩有力得多的论证,而且事实上他没有任何可靠的证据支持他接受一个神的存在。他说他的决定只是使他"感觉比较舒适"。既然我如此了解并热爱马丁,我很容易就接受了这个事实,而且对此多少有点赞赏。任何使马丁的生活更美好的事,同样也使我的生活更美好。

马丁的儿子詹姆斯送了我一件真正美妙的礼物,我将永远珍惜它。如果我此时此刻有点悲伤乃至落泪的话,请原谅,不过我数十年老友的这件纪念品让我睹物兴悲,其程度超出我原先的想象。在我同马丁交往的长期岁月中,我花了许多时间到他在黑斯廷斯村的家去拜访他和他的妻子夏洛特。每次我把车开进那条车道时,我都会自然地很想知道他选这儿为家是不是因为它的地址:欧几里得大道10号。我从没问过。

啊,我接受的这件礼物真是……这是一张19英寸×23英寸×11英寸的木制斜面小桌,已经磨损,划痕多处,使用经年,骄傲地带着它长期服务的标记。在这张坚固的小桌上,马丁撰写了他的大部分图书、专栏文章、其他文章,以及信件。或者手写,或者在一台古老的机械打字机上打字。关于这台打字机,我能说出一个另外的故事,在一个另外的时间吧……每一位来我家的访客,都看了这张小桌。小桌里还有两副纸牌,这是马丁在发明他的纸牌戏法时所用的。它们将永远不会被我打开。我主动要求在我死后把这张小桌归还给加德纳家庭——那儿是它的归属。

当我在我的书桌上用打字机笨拙地单指打出这篇评述时,马丁的一张照片正面对着我,这是一张我竞买来的照片。"你早,马丁!"当我每天早上惬意地在我的办公椅上坐下的时候,我说。当我晚上关灯睡觉时,我摸着那张小桌,直到进入梦乡。

在每年举行的"惊奇聚会"*上,我们JREF——詹姆斯·兰迪教育基金会**——并不举行任何纪念马丁·加德纳的活动。那样会让他非常局促不安的,对此我十分肯定。他儿子吉姆在打电话向我告知他父亲的逝世时,还说他留下的遗言明确指出,不举行葬礼,而且最好是火葬。这就是我的马丁,我料到他会这样。不,在我们所有的JREF会议上,我们庆祝着他的存在,这位优秀的绅士,我的一位巨人,一位伟大的智者,一位多产的作家,一位有爱心的、有责任心的世界公民。如果我们能安排这个庆祝活动的话,我们会有气球和跳舞的姑娘——这会把马丁逗乐的,我向你保证。

是的,他走了,但他那睿智的话语和他那对理性和仁心的大爱,将永远与我们同在。我深深地热爱着他,但我把他留给了千秋万代……

哦,假使你还在纠结于第4自然段中那些答案的话,那么告诉你其余3个数是153、371和407,而370倒转过来看是OLÉ***……明白了吗?对了,我居然没想到371,也真是的。

詹姆斯·兰迪

---

* 原文是 Amaz!ng Meetings。其中 Amaz!ng 即 Amazing。这里用!代替i,为的是醒目、吸引注意,这是一种常用的标志设计手法。惊奇聚会是詹姆期·兰迪教育基金会(见下一脚注)的年会。会议主题集中于科学、怀疑论和批判性思维。除全体会议外,还安排有讲习班、小组讨论、音乐和魔术表演。——译者

** 詹姆期·兰迪教育基金会(James Randi Educational Foundation,简称JREF),于1996年由兰迪创建的美国非营利组织,其任务是教育公众和媒体,使他们认识到,接受那些未经证实的关于超自然现象的说法是危险的;并支持在受控科学实验条件下对所声称的超自然现象进行研究。该基金会于1998年悬赏100万美元,奖励能在公认的科学测试标准下证明自己具有超自然能力的人。至今无人申请领赏。——译者

*** 西班牙语,"好啊""加油"的意思。——译者

图书在版编目(CIP)数据

缤纷人生:马丁·加德纳自传/(美)马丁·加德纳著;朱惠霖译.—上海:上海科技教育出版社,2022.6

(哲人石丛书.当代科技名家传记系列)

书名原文:Undiluted Hocus-Pocus: The Autobiography of Martin Gardner

ISBN 978-7-5428-7653-9

Ⅰ.①缤… Ⅱ.①马… ②朱… Ⅲ.①马丁·加德纳—自传 Ⅳ.①K837.126.1

中国版本图书馆CIP数据核字(2022)第018708号

责任编辑　林赵璘　王乔琦
装帧设计　李梦雪

BINFEN RENSHENG
缤纷人生——马丁·加德纳自传
[美]马丁·加德纳　著
朱惠霖　译

出版发行　上海科技教育出版社有限公司
　　　　　(上海市闵行区号景路159弄A座8楼　邮政编码201101)

网　址	www.sste.com　www.ewen.co	
经　销	各地新华书店	
印　刷	常熟市华顺印刷有限公司	
开　本	720×1000　1/16	
印　张	17.75	
版　次	2022年6月第1版	
印　次	2022年6月第1次印刷	
书　号	ISBN 978-7-5428-7653-9/N·1148	
图　字	09-2019-099号	
定　价	65.00元	

Undiluted Hocus-Pocus:
The Autobiography of Martin Gardner
by
Martin Gardner
Copyright © 2013 by James Gardner as
Managing General Partner,
Martin Gardner Literary Interests, GP
Chinese (Simplified Characters) Edition Copyright © 2022
by Shanghai Scientific & Technological Education Publishing House Co., Ltd.
Published by arrangement with Princeton University Press
ALL RIGHTS RESERVED
No part of this book may be reproduced or transmitted in any form
or by any means, electronic or mechanical, including photocopying,
recording or by any information storage and retrieval system,
without permission in writing from the Publisher.